EWALD HERING

E. Hering

EWALD HERING

EIN GEDENKWORT DER PSYCHOPHYSIK

VON

DR. FRANZ HILLEBRAND
O. Ö. PROFESSOR AN DER UNIVERSITÄT
INNSBRUCK

MIT 1 BILDNIS

BERLIN
VERLAG VON JULIUS SPRINGER
1918

ISBN-13: 978-3-642-47192-6 e-ISBN-13: 978-3-642-47526-9
DOI: 10.1007/978-3-642-47526-9

Eine der auffallendsten Tatsachen in der Entwicklungsgeschichte der Psychologie ist die außerordentliche Verspätung, mit der das systematische Studium der Sinnesempfindungen eingesetzt hat. Auch wer nicht der Auffassung huldigt, daß das gesamte Seelenleben lediglich aus Empfindungen und ihren abgeblaßten Rückständen zusammengesetzt ist, wird doch zugeben müssen, daß sie den Unterbau für alle übrigen psychischen Gebilde abgeben und sie daher wenigstens genetisch bedingen. Wenn sie also das Interesse so spät auf sich gezogen haben, so muß diese Verkehrung der natürlichen Ordnung den Eindruck des Paradoxen machen. Die Ursache dieser seltsamen Erscheinung liegt wesentlich in dem Umstande, daß die Psychologie durch lange Zeit fast gänzlich im Dienste der Metaphysik, vor allem aber der Erkenntnistheorie gestanden und daher die Auswahl der Fragestellungen nicht von selbständigen psychologischen, vielmehr von Interessen metaphysischen und insbesondere erkenntnistheoretischen Charakters beherrscht war. Daher kommt es, daß z. B. die Lehre vom Urteil, von seinen Unterarten und Zusammensetzungen, viel weiter entwickelt war als die von seinen Fundamenten, den Vorstellungen — spielt sich doch Erkennen und Schließen im ersteren Gebiete ab. Und in der Psychologie des Vorstellens hat wieder die Frage der Abstraktion und der Bildung von Allgemeinbegriffen das Interesse vorwiegend in Anspruch genommen; denn von der Existenz dieser Gebilde hängt es ja ab, ob wir überhaupt allgemeine Urteile, so Definitionen und Gesetze, bilden können. Gewiß haben auch die Sinnesempfindungen zu Problemen Anregung gegeben. Aber es waren wieder metaphysische oder erkenntnistheoretische Schwierigkeiten (wirkliche oder eingebildete), die hierzu Veranlassung boten; so etwa die Frage, wie es möglich sei, daß die immaterielle Seele Eigenschaften der materiellen Dinge (z. B. deren Farben) in sich aufnehme, und ähnliches. Die Probleme, die wir heute in der Lehre von den Sinnesempfindungen behandeln, waren der Psychologie bis zum 19. Jahrhundert durchaus fremd. Es ist z. B. keinem Psychologen eingefallen, nach dem System unserer Farbenempfindungen und seiner Dimensionenzahl zu fragen. Gerade dieses Beispiel ist höchst auffallend, wenn man bedenkt, daß schon Newton auf Grund seiner Forschungen über den zusammengesetzten Charakter der meisten Lichtstrahlen auf das Problem gestoßen war, woher es denn komme, daß gegenüber der ungeheuren Mannigfaltigkeit der physikalischen Kombinationen von Lichtern das System unserer Farbenempfindungen so viel einfacher ist. Man hätte erwarten können, es werde sich ein Psychologe finden, der doch wenigstens die rein deskriptive und ohne großen experimentellen Apparat zu lösende Frage aufwirft: wie sieht denn das gesamte System unserer Farbenempfindungen überhaupt aus? Von welcher Dimensionenzahl ist seine Mannigfaltigkeit? Newton selber hat sie zu beantworten gesucht, später Lambert (der aber nicht von der Psychologie aus zu dieser Fragestellung gelangt war). Man versteht dieses Versagen der Psychologie, wenn man bedenkt, daß keine allgemeinen Fragen der Erkenntnistheorie an Problemen dieser Art unmittelbar interessiert waren. Lockes Versuch über den menschlichen Verstand bildet sicher einen Markstein in der Geschichte der Psychologie und hat den Anstoß zu einer Reihe der wertvollsten Untersuchungen gegeben; aber das Interesse, das ihn bei der Abfassung seines Hauptwerkes geleitet hat, ging — wie er selbst gesteht — dahin, den Ursprung und die Grenzen der menschlichen Erkenntnis festzustellen: die Resultatlosigkeit mancher Diskussionen, die sich im Freundeskreis abgespielt, hatte ihn veranlaßt sich diese Aufgabe zu stellen. Es ist kennzeichnend, daß selbst die berühmte Scheidung der Qualitäten in primäre und sekundäre nicht einer psychologischen Problemstellung entsprang, sondern einer erkenntnistheoretischen: es handelte sich ja um die Frage, welche Merkmale der Empfindungen uns die wirklichen Eigenschaften der Außendinge zeigen und welche nicht. Eine systematische Durchforschung des Gebietes der Sinnesempfindungen war nur zu erwarten, sofern diese um ihrer selbst willen das Interesse zu erregen begannen. Tatsächlich ist diese Wendung eingetreten, und zwar ungefähr zu Beginn des 19. Jahrhunderts. Aber nicht aus dem Kreise der Psychologen ist sie hervorgegangen, vielmehr war es die Physiologie, die hier die Führung übernahm und mit Erfolg übernehmen konnte, seit sie sich in ihrem eigenen Gebiete von der Mystik der Lebenskraft und ähnlicher „okkulter Qualitäten“ frei zu machen und mit gesunden naturwissenschaftlichen Methoden zu arbeiten begonnen hatte. Daß die Erforschung der Organfunktionen des tierischen und menschlichen Körpers sich auch auf jene Organe erstrecken werde, die mit Empfindungen reagieren, kann nicht wundernehmen; ja für manche Fragen waren hier sogar bestimmtere Aufschlüsse zu erwarten, insofern die letzten Wirkungen, die die Sinnesfunktionen ergeben, unserem Bewußtsein selber angehören und wir keines besonderen Reagens bedürfen, um sie unserer Erkenntnis zugänglich zu machen. Ist es das Interesse an den Leistungen der Sinnesorgane, was zur Beschäftigung mit den Empfindungen führt, so werden die Fragestellungen zunächst genetischen Charakter haben, d. h. sich auf die Entstehung der Sinnesempfindungen beziehen. Nun müssen aber die letzteren naturgemäß erst beschrieben sein, ehe man mit Erfolg an die Erforschung ihrer Entstehungsgesetze herantreten kann. Diese rein deskriptive Arbeit hätte von den Psychologen unternommen und bis zu einem erheblichen Grad der Vollkommenheit durchgeführt sein können, so daß die Erforscher der Entstehungsgesetze sich einem bereits wohlgeordneten und erschöpfend beschriebenen Materiale hätten gegenübergestellt sehen können. Da sich aber davon so gut wie nichts vorfand — die Ursachen dieses Mangels wurden oben berührt — so war den Physiologen nichts übriggeblieben, als auch die deskriptive Arbeit auf die eigenen Schultern zu nehmen. Die systematische Erforschung der Sinnesempfindungen war daher in ihrer Gänze in die Hände der Physiologen geraten und erst allmählich hat die Psychologie von den Errungenschaften im Nachbarland Kenntnis genommen und sie selbsttätig weitergeführt; die schließliche Unabhängigkeit ihrer Interessen und Fragestellungen verdankt sie in hohem Grad diesem eigentümlichen Gang der Dinge.

Diese selbständige, von fremden Interessen freie Bearbeitung der Lehre von den Sinnesempfindungen geht von denselben Forschern aus, denen die gesamte Physiologie ihre Erneuerung verdankt; dieselben Namen, mit denen das Zeitalter der modernen

Physiologie anhebt, bezeichnen auch das Zeitalter der klassischen Psychophysik: Johannes Müller, Purkinje, Ernst Heinrich Weber, Volkmann, Fechner und Ewald Hering. Die Reihe derjenigen, die man als Begründer der Psychophysik bezeichnen darf, schließt mit dem vor wenigen Monaten (am 26. Januar) dahingegangenen Ewald Hering ab; er hat als der letztüberlebende aus dem Kreise der Meister der Psychophysik bis in unsere Tage hineingeragt. So vielseitig seine Forschungsarbeit war — sie hat sich, um nur die Hauptgebiete zu nennen, auf die allgemeine Nerven- und Muskelphysiologie, auf die Physiologie von Atmung und Kreislauf erstreckt — so war es doch die Psychophysik, deren Probleme ihn schon in jungen Jahren fesselten und die bis an sein Lebensende der Mittelpunkt seines Interesses geblieben war. Teils in systematischen Darstellungen weiter Gebiete aus der Lehre von den Sinnesempfindungen hat Hering seine psychophysischen Ansichten niedergelegt, teils sind sie zerstreut über eine Unmenge von Arbeiten über sehr spezielle Fragen, die vor allem den Licht- und Raumsinn betreffen.

Nicht einen Bericht über diese Fülle von Einzeluntersuchungen zu erstatten, sondern, was von prinzipieller Bedeutung für Herings Problemstellungen und Methoden ist, zu einem geschlossenen und von Verzerrungen freien Bilde zu vereinigen, soll hier versucht werden. Man wird daraus die Berechtigung ersehen, ihn dem Kreise der klassischen Psychophysiker zuzurechnen und ihn in besonders enge Beziehung zu dessen vornehmstem Vertreter, Johannes Müller, zu bringen. Zugleich wird man aber auch ersehen, welche Strecke die Psychophysik auf dem Wege ihrer Entwicklung unter der Führung Herings zurückgelegt hat und wie groß die Dankesschuld ist, durch die sie ihm für immer verpflichtet bleibt.

Nicht im Sinne einer rein chronologischen Abgrenzung darf man es verstehen, wenn hier von einer Epoche der „klassischen Psychophysik" gesprochen und Hering ihr zugezählt wird. Zu einem seiner größten und von ihm nur mit Ausdrücken rückhaltsloser Verehrung genannten Zeitgenossen, zu Herm. v. Helmholtz, ist Hering, man kann fast sagen, in ununterbrochenem Gegensatz gestanden; wer die zahlreichen, auf gemeinsamen Arbeitsfeldern liegenden Untersuchungen beider Forscher gegeneinander hält, wird sich des Eindruckes nicht entschlagen können, daß hier mehr vorliegt als eine Reihe von Meinungsverschiedenheiten über die Deutung beiderseits anerkannter Tatsachen, ja sogar mehr als eine bloße Verschiedenheit der Antworten auf eine und dieselbe Frage. Wie oben von einer gemeinsamen „Denkrichtung" gesprochen wurde, die Hering dem Kreise der psychophysischen Klassiker anzuschließen nötigt, so wird man hier von einer Verschiedenheit der Denkrichtung reden dürfen, die ihn von Helmholtz trennt. Der Ausdruck „Denkrichtung" mag hier als eine vorläufige Bezeichnung gewählt sein, die ihren präzisen Inhalt erst erhalten soll. Was aber den besonderen Charakter in der Denkrichtung Herings ausmacht, wird sich ebensosehr durch die Verwandtschaft mit Johannes Müller wie durch den Gegensatz zu Helmholtz verständlich machen lassen; und nur um dieser Klarstellung willen werde ich auf das letztere Verhältnis ebenso sehr Bezug nehmen wie auf das erstere.

Mehrmals hat Hering zu allgemeinen Fragen der Psychophysik das Wort ergriffen. Am bekanntesten ist seine Rede „Über das Gedächtnis als eine allgemeine Funktion der organisierten Materie" (gehalten in der feierlichen Sitzung der Wiener Akademie am 30. Mai 1870), in welcher er die Fähigkeit, die Spuren einer aus irgendwelchen Ursachen entstandenen Erregung als dauernden Besitz aufzubewahren, als ein der lebendigen Substanz überhaupt zukommendes Vermögen darzutun und daher das Gedächtnis im engeren, psychologischen Sinne als einen Spezialfall eines viel allgemeineren Verhaltens zu erweisen sucht, eines Verhaltens, das zudem nicht auf das Individuum zu beschränken ist, sondern eine sinnvolle phylogenetische Erweiterung gestattet und so auch den Instinkt als Gedächtnis der Gattung aufzufassen erlaubt. Keine von Herings Publikationen ist so bekannt geworden wie diese; ihre Aufnahme in Ostwalds „Klassiker" hat den Leserkreis noch beträchtlich vergrößert. Der biologische Weitblick, der sich hier so unverkennbar zeigt, hat Hering auch auf viel engeren Arbeitsgebieten nie verlassen; selbst sehr spezielle Hypothesenbildungen, wie sie uns etwa in der Lehre vom Lichtsinn begegnen, hat Hering nie ohne diesen Blick auf das biologisch Wahrscheinliche und Zulässige vollzogen. Hierin liegt eines der Momente, die ihn der Gemeinde der klassischen Psychophysiker angehören lassen, diese letztere aber auch ziemlich scharf zu begrenzen erlauben. — Unter den Konsequenzen jener allgemeinen Auffassung des Gedächtnisses findet sich eine, die den Psychologen besonders interessiert und für gewisse Anschauungen Herings über das räumliche Sehen nicht ohne Bedeutung ist. Wenn man sich die Erfahrungen, die das Individuum aufgestapelt hat, als Umstimmungen der Nervensubstanz denkt, so wird ein Reiz, der auf dieselben Gebiete des Zentralnervensystems wirkt, eine andersartige Erregung hervorrufen, je nachdem er eine so oder anders gestimmte Substanz trifft; die „Stimmung" wird also diesfalls einen dem Reiz gleichberechtigten, koordinierten Faktor der Erregung darstellen und „Erfahrung" in diesem Sinne wird daher imstande sein die Empfindung zu modifizieren. Ich habe zu dem Worte „Reiz" den einschränkenden Zusatz „der auf dieselben Gebiete des Zentralnervensystems wirkt" absichtlich gemacht: nicht jede auf dasselbe Objekt gerichtete Erfahrung muß diese modifizieren; und darum reicht z. B. das bloße Wissen um die tatsächlichen Raumverhältnisse nicht hin, um eine etwa bestehende Täuschung zu beseitigen. Keinesfalls darf man aber aus Fällen der letzteren Art den allgemeineren Satz ableiten, daß „Erfahrung" im Sinne früherer Wahrnehmungen eine neue Wahrnehmung nicht „überwinden" könne. Die neuere Psychologie hat denselben Unterschied im Auge, wenn sie unter den auf Assoziation beruhenden Gebilden auch „assimilative" unterscheidet. Deskriptiv sind diese Fälle durch den Charakter der Anschaulichkeit, wie er eben den Wahrnehmungen zukommt, gekennzeichnet, der sie von jenen anderen Fällen des bloßen Wissens scharf sondert. Jeder Laie unterscheidet den Fall, daß ihm eine flächenhafte Darstellung durch die Mittel der Perspektive den Eindruck der Körperlichkeit macht, sehr genau von dem anderen, daß ihm die Schienen eines Geleises zu konvergieren scheinen, während er weiß, daß sie in Wirklichkeit parallel sind. Deskriptiv scheidet nur der Charakter der Anschaulichkeit den einen Fall vom andern. Wer daher in gewissen Fällen von „bloßen Urteilstäuschungen" spricht, in anderen aber Änderungen des Empfindungsinhalts annimmt, kann sich deskriptiv nur auf den soeben gekennzeichneten Unterschied stützen; und es heißt dessen Wesen gänzlich verkennen, wenn in neuerer Zeit der Versuch gemacht wurde, Urteilstäuschungen mit anschaulichem Inhalt aufzustellen: wenn der anschauliche Inhalt geändert wurde, bedarf man eines Urteils als Trägers der Täuschung wahrhaftig nicht mehr. Die Rede über das Gedächtnis führt diese Überlegungen allerdings nicht aus; aber daß sie Herings Gedanken entsprechen, läßt sich aus seinen optischen Arbeiten über jeden Zweifel erheben: von den durch Erfahrung bewirkten „Umstimmungen" hat er in der Lehre vom Raumsinn reichlichen Gebrauch gemacht; und die „bloßen Urteilstäuschungen" haben ihm in der Lehre vom Lichtsinn ebenso häufig Anlaß zu scharfer Polemik geboten.

Wer — in der eben skizzierten Weise — sowohl die gegenwärtigen wie auch die vergangenen psychischen Vorgänge nur als den Ausdruck von Zustandsänderungen in der lebendigen Substanz betrachtet, von dem wird man erwarten, daß er sich auch über die quantitativen Beziehungen der beiden Prozesse, des physiologischen und des psychischen, eine bestimmte Ansicht gebildet habe. Von Hering um so mehr, als ja Fechner, der diese Frage in den Mittelpunkt des Interesses gestellt hatte, zu seinen Lehrern gehört hat. Hier ist nun vor allem zu betonen, daß Hering an diese Frage nicht von einem vorgefaßten „Standpunkt" herangetreten war, der etwa aus allgemeinen philosophischen Erwägungen sich das Verhältnis zwischen den Vorgängen in der Sinnessubstanz und den Empfindungen, sei es kausal, sei es im Sinne von Begleiterscheinungen oder sonstwie denkt. Er hat, wie wir sehen werden, einem strengen Parallelismus gehuldigt, aber nur insofern ihm die Erfahrung und auf sie gestützte Hypothesen Anhaltspunkte für einen quantitativen Parallelismus zu bieten schienen; über die sonstige Natur dieses Verhältnisses sich auszusprechen hat er in der Rede über das Gedächtnis sogar ausdrücklich abgelehnt, und zwar offenbar darum, weil die Entscheidung für den einen oder andern „Standpunkt" der Hypothese nichts an Fruchtbarkeit zufügt oder wegnimmt: er hat sich, wie das später auch andere getan haben, mit einer Funktionalbeziehung im mathematischen Sinne beschieden. Welcher Art sie sei, konnte natürlich nur durch Untersuchung auf den einzelnen Sinnesgebieten ermittelt oder wenigstens wahrscheinlich gemacht werden. Hering hat eine solche beabsichtigt; von einer offenbar geplanten Reihe von Abhandlungen „Zur Lehre von der Beziehung zwischen Leib und Seele" ist aber nur eine einzige (1875) erschienen, die sich wesentlich mit der Kritik von Fechners psychophysischem

Grundgesetz beschäftigt und deren Hauptgedanke der ist, daß man dieses Gesetz nicht (wie es Fechner getan) aus dem Weberschen Gesetz ableiten, natürlich noch weniger das eine mit dem andern identifizieren dürfe. Das Webersche Gesetz sage aus, daß ein Reizzuwachs in einem konstanten Verhältnis zum Grundreiz stehen müsse, um einen ebenmerklichen Empfindungszuwachs hervorzurufen; das Fechnersche aber, daß Empfindungszuwüchse (einerlei ob eben merklich oder nicht) immer dann gleich seien, wenn sie durch gleiche relative Reizzuwüchse erzeugt werden. Die Brücke, die vom ersteren zum letzteren führe, werde von dem (von Fechner gar nicht untersuchten) logischen Mittelglied gebildet, daß ebenmerkliche Unterschiede einander gleich seien und der einzelne somit als Maßeinheit dienen könne. Die Gleichwertigkeit gehe aber, wie Hering ausführt, aus der Ebenmerklichkeit weder begrifflich hervor noch lasse sich das Zusammenfallen beider Eigenschaften empirisch erhärten; im Gegenteil führe diese Annahme zu einem offensichtlichen Widerspruch mit der Erfahrung und würde, wenn sie zu Recht bestünde, ein biologisch höchst unzweckmäßiges Verhalten darstellen, bei extensiven Größen z. B. schon darum, weil Raumgebilde, deren Teile sich proportional vergrößern oder verkleinern, dann aufhören würden geometrisch ähnlich zu sein.

Es ist, wie erwähnt, bei dieser ersten Mitteilung geblieben; wir sind aber durch Herings Arbeiten über den Lichtsinn unterrichtet, wie er wenigstens auf diesem Gebiete über die quantitativen Beziehungen zwischen Reiz, Erregung und Empfindung gedacht hat — denn nur in dieser dreigliedrigen Gestalt kann das allgemeine psychophysische Verhalten seiner Meinung nach sachgemäß dargestellt werden. Genau verständlich machen läßt sich diese Ansicht besser im Zusammenhang mit gewissen Tatsachen des Lichtsinnes — davon später. Hier nur so viel:

Nehmen wir an, wir könnten den psychophysischen Prozeß, der einer Empfindung (oder auch einer Komponente einer komplexen Empfindung) zugrunde liegt, durch sein Energiemaß messen, so würde diese Empfindung (bzw. Komponente einer komplexen Empfindung) an dem augenblicklichen Gesamtzustand denselben relativen Anteil, also denselben Deutlichkeitsgrad haben, den der zugrunde liegende psychophysische Prozeß an der Gesamtheit der gleichzeitigen Prozesse hat; in diesem Sinne würde strenge Proportionalität zwischen Empfindung und Erregung (natürlich nicht Reiz) bestehen. Das gilt von jeder selbständigen Empfindung, aber ebensogut auch von jeder überhaupt unterscheidbaren qualitativen Komponente einer Empfindung (z. B. auch von der Bläulichkeit eines vorliegenden Violett); man hätte also den Quotienten aus der Erregungsgröße (dem „Gewichte") einer solchen Komponente in die Summe der Erregungsgrößen aller gleichzeitigen Prozesse — vorausgesetzt, daß man diese Größen direkt messen könnte — zu bilden um zu erfahren, mit welcher Deutlichlichkeit diese Komponente im Gesamtbewußtsein vertreten ist. Diese Bezugnahme auf das Gewicht des Gesamtzustandes hat insofern große Bedeutung als ein solcher Teilprozeß zu einem anderen Teilprozeß natürlich in demselben Verhältnis steht, wenn beide proportional wachsen oder abnehmen, während beide zusammen bald einen größeren bald einen kleineren Anteil an der Gesamtsumme haben. Überlegt man nun, daß dieses „Zusammen" eine besondere deskriptive Bedeutung haben muß, wenn die Komponenten in sich unselbständige Elemente sind (wie Bläulichkeit und Rötlichkeit im Violett, die ja nicht in demselbe Sinne Bestand haben wie ein blauer und ein roter Fleck an verschiedenen Stellen des Gesichtsfeldes) und daher eine einheitliche Qualität bilden, so ergibt sich die interessante Konsequenz, daß die Qualität eines solchen, aus unselbständigen Elementen bestehenden Komplexes genau dieselbe bleiben kann, während sich sein psychophysisches Korrelat quantitativ ändert — worin manche vorschnell eine Durchbrechung des Prinzipes vom Parallelismus erblickt haben. Fragt man nun, was denn das psychische Korrelat einer solchen proportionalen Änderung zweier unselbständiger Teilprozesse sei, so kann man diesen Komplex wie einen einfachen, mit einem Gewicht vom Betrag der Summe auffassen und die Frage in diesem Sinne formulieren. Es ist dann zweierlei möglich: dieser komplexe Prozeß (den wir jetzt einmal wie einen einfachen vom Gewichte der Komponentensumme behandeln) kann seinerseits wieder ein bloß unselbständiger Teil eines größeren selbständigen Komplexes sein (wie etwa das Violett ein unselbständiger Teil derjenigen weißlichen Farbe ist, die man „Lila" nennt) — diesfalls bestimmt wieder das Verhältnis seines Gewichtes zum Gesamtgewicht der höheren Verbindung die

Qualität jener Empfindung, die das Korrelat der höheren Verbindung ist und es verhält sich im übrigen alles analog wie bei der niedrigeren (binären) Verbindung. Oder aber der binäre Komplex ist ein selbständiger; dann wird durch seine Gewichtssumme die Eindringlichkeit bestimmt, mit der er sich im augenblicklichen Gesamtzustand des Bewußtseins geltend macht, wobei Hering unter „Eindringlichkeit" oder „Auffälligkeit" das Vermögen versteht die Aufmerksamkeit auf sich zu ziehen. Es ist daher nicht zutreffend, in der Annahme, daß proportionale Änderung zweier Teilprozesse die Qualität des psychischen Korrelates ungeändert lasse, eine Durchbrechung des Parallelismus zu sehen; denn allgemein indifferent ist diese Änderung niemals. Hering hat dem angedeuteten Einwand treffend mit der Frage begegnet, was denn ein Metallgießer, der einem Kunden zwei Messingstücke von gleicher Legierung (also von gleichem relativem Zink- und Kupfergehalt) vorlegte, dazu sagen würde, wenn der Kunde einwendete: die Stücke sind ja nicht gleich, das eine wiegt ein Pfund und das andere zwei! In der Tat trägt nur die künstliche Isolierung einer solchen komplexen Erscheinung, das Herausreißen aus dem Gesamtzusammenhang die Schuld, wenn der Parallelismus hier durchbrochen scheint: das Prinzip des Parallelismus sagt nicht aus, daß man psychisches und physisches Leben atomisieren und nun Glied für Glied einander zuordnen müsse. Wenn es psychische Erlebnisse gibt, die auf der Tatsache des Zusammenhangs selbst beruhen — und das gilt von der „Eindringlichkeit" wie von jeder Aufmerksamkeitserscheinung — so kann ihnen eine gliedweise Zuordnung prinzipiell nicht gerecht werden; es müssen auch auf physischem Gebiet Verhältnisse sein, die ihnen entsprechen, Daher ist es nicht verwunderlich, wenn solche Tatsachen ihren quantitativen Ausdruck nicht in absoluten Werten, sondern in Quotienten finden. Wir werden übrigens bei der Besprechung von Herings Arbeiten über den Lichtsinn auf die Tatsache stoßen, daß zwei ganz gleich aussehende Felder auf objektiv genau gleiche Aufhellung sehr verschieden reagieren können, was doch nur möglich ist, wenn die Erregungsvorgänge, die diesen genau gleichen Empfindungen zugrunde liegen, verschieden sind.

Hering lehrt also strenge Proportionalität zwischen den psychophysischen Prozessen und den korrelativen Bewußtseinsvorgängen, aber er verlangt, daß dabei alle Seiten dieser letzteren mitberücksichtigt werden, demnach auch diejenigen, welche einer Erscheinung nur zukommen, insofern sie im Verbande des Gesamtbewußtseins als Bestandteil auftritt; die Eindringlichkeit, insofern sie sich in einem Hervortreten einer gewissen Teilerscheinung und damit in einem Zurücktreten der übrigen äußert, ist offenbar eine solche Seite, die im isolierten Teile nicht zum Vorschein kommen könnte.

Bei solcher Lage der Dinge wird man sich natürlich fragen, wie denn Hering über die quantitativen Beziehungen zwischen Reiz und Empfindung geurteilt hat. An eine lineare Funktion konnte er nicht denken — das hätte zahllosen Erfahrungen widersprochen. Zwischen psychophysischem Prozeß und Empfindung hat er aber, wie soeben ausgeführt, eine lineare Beziehung angenommen. Liegt also das Nichtlineare etwa in dem Verhältnis von Reiz und Erregung, also in der „äußeren Psychophysik", um mit Fechner zu sprechen? Eingehend hat Hering diese Frage nur für das Gebiet der Lichtempfindungen behandelt, und auch hier nur mit Bezug auf das Verhältnis zwischen Lichtstärke und Helligkeit der farblosen Empfindungen. Die Überlegungen, die er hier anstellt, sind zwar ohne weiteres auch auf das Gebiet der Farbentöne im engeren Sinne übertragbar und daher auf den gesamten Lichtsinn anwendbar; ob Hering aber an eine analoge Behandlung auf anderen Sinnesgebieten und damit an ein allgemeines Abhängigkeitsgesetz gedacht hat, das das Fechnersche seinem ganzen Umfang nach ersetzen sollte, wage ich nicht zu behaupten. Im Hinblick auf die eigenartigen Verhältnisse, die beim Lichtsinn bestehen und nicht ohne weiteres eine Analogisierung anderer Sinnesgebiete zulassen, ist mir das sogar sehr unwahrscheinlich, um so mehr als es in Herings Natur ganz und gar nicht gelegen war, Analogien in Gebiete hineinzutragen, die er nicht vorher empirisch durchforscht hatte. Schon das gänzlich verschiedene Verhalten des Gehörsinnes in bezug auf Ermüdung und Kontrast würde ihn sicher von vorschnellen Verallgemeinerungen zurückgehalten haben. Wie dem auch sei, jedenfalls ist das auf den Lichtsinn eingeschränkte Problem schon in sich interessant und gibt überdies Fingerzeige methodischer Art auch für die Behandlung analoger Fragen auf anderen Gebieten, so daß eine kurze Erörterung hier am Platze sein dürfte.

Da es möglich ist von einem bestimmten Grau C nicht nur zu sagen, daß es zwischen dem helleren Grau A und dem dunkleren B steht, sondern auch daß es dem helleren bzw. dem dunkleren näher oder vielleicht keinem von beiden näher liegt als dem andern, so ist damit die Möglichkeit messender Vergleichungen von Helligkeitsabständen gegeben, wobei die Sicherheit, mit der wir sie ausführen können, für die folgenden Erörterungen keine Rolle spielt und daher beliebig groß angenommen werden kann. Von Ebenmerklichkeit ist hier und in der Folge überhaupt nicht die Rede. Es ist ferner eine ganz unverfängliche Redeweise, wenn wir von einer Weiß- und Schwarzkomponente (W und S) in einem gegebenen Grau sprechen und diese Komponenten in ein bestimmtes Zahlenverhältnis setzen, da hiermit gar keine Aussage über einen etwa zusammengesetzten Charakter dieser Grauempfindung sondern nur eine solche über die Abstände von zwei gegebenen Empfindungen gemacht ist; über diese letzteren ist vorläufig auch noch nichts ausgesagt, als daß wir sie eben als Endpunkte einer Reihe gewählt haben und sie natürlich möglichst hell bzw. dunkel wählen, damit die beliebige Empfindung C jedenfalls zwischen sie zu liegen komme. Wir wollen diese einstweilen willkürlich gewählten Grenzpunkte mit W und S bezeichnen und enthalten uns vorläufig jeder Aussage darüber, ob man sie durch natürliche, der Willkür entzogene Grenzpunkte ersetzen kann. Hering vertritt tatsächlich diese letztere Ansicht; er hält, wie wir sehen werden, die Graureihe für prinzipiell begrenzt. Aber im gegenwärtigen Stadium der Überlegung wird von natürlichen Endpunkten noch kein Gebrauch gemacht: W und S sind einstweilen zwei willkürlich gewählte Empfindungen der Graureihe. Auch sind die absoluten Zahlenwerte, durch die man den Abstand irgendeines Grau von diesen Grenzpunkten ausdrückt, willkürlich, da man sich den Abstand zwischen ihnen durch beliebige Maßeinheiten gemessen denken kann. Ferner ist es zunächst gleichgiltig, ob man das Verhältnis zwischen beiden Abständen oder das Verhältnis zwischen einem von ihnen und der Summe beider, also dem Totalabstand zwischen dem gewählten Weiß und Schwarz, zur Charakterisierung eines gegebenen Grau benützt. Es ist also sowohl der Ausdruck $\frac{W}{S}$ (oder dessen reziproker Wert) wie auch jeder der beiden Ausdrücke $\frac{W}{W+S}$ und $\frac{S}{W+S}$ geeignet, ein bestimmtes Grau eindeutig zu charakterisieren, wobei W und S einstweilen nichts anderes als Abstände sind und ihr absoluter Wert gar nicht bekannt zu sein braucht und — mangels einer Maßeinheit — auch gar nicht bekannt ist. Mit der Äquivalenz obiger Ausdrücke ist natürlich nicht behauptet, daß sie Identisches bedeuten. $\frac{W}{S}$ bedeutet die Lage des gegebenen Grau auf der Abstandslinie, bezogen auf den Anfangspunkt W (beim reziproken Wert bezogen auf den Anfangspunkt S), während $\frac{W}{W+S}$ die Weißlichkeit, $\frac{S}{W+S}$ die Schwärzlichkeit bedeutet, die in der Graureihe mit Helligkeit bzw. Dunkelheit sachlich zusammenfallen.

Bis hierher enthalten die vorstehenden Erwägungen gar nichts Hypothetisches. Wer sich etwa für die tatsächlich bestehende Abhängigkeit der Helligkeit von der Lichtstärke (innerhalb der Graureihe) interessieren würde, hätte eine Reihe von farblosen Lichtern photometrisch zu bestimmen und würde die entsprechenden Grauempfindungen an bestimmte Stellen einer Grauskala zu setzen haben, die ihrerseits lediglich durch fortgesetzte Halbierungen eines vorgegebenen (möglichst großen) Intervalles hergestellt wurde; die Helligkeit jeder dieser Grauempfindungen wäre durch den Quotienten $\frac{W}{W+S}$ definiert. Eine solche rein empirisch gewonnene Reihe von Wertepaaren würde nun schon zeigen, daß weder gleichen Differenzen noch gleichen Verhältnissen der Lichtstärke gleiche Helligkeitsabstände entsprechen, wenn auch zuzugeben ist, daß die zweite dieser beiden Beziehungen — es ist die von Fechner behauptete — der Wahrheit viel näher kommt als die erste, ja in einem beschränkten Gebiete der Lichtstärke nahezu genau gilt. Hering hat — das sei ausdrücklich bemerkt — Gewicht darauf gelegt, daß derlei Untersuchungen nur bei möglichst konstant gehaltenem Adaptationszustand ausgeführt werden, daß man also nicht etwa Sukzessivvergleiche mit wechselnder Allgemeinbeleuchtung benützt, wie das so oft geschehen ist.

Beschränkt man sich nun nicht darauf, das tatsächliche Verhalten der Helligkeit bei wachsender Lichtstärke einfach zu registrieren, will man es vielmehr erklären und damit auch verständlich machen, warum in einem gewissen Bezirk die Fechnersche Annahme der Wahrheit so nahekommt, diesseits und jenseits aber so weit von ihr abweicht — dann genügen die unmittelbaren Erfahrungen nicht mehr; es sind einerseits gewisse Deutungen des Gegebenen nötig, wie sie ja jede Beschreibung enthält, andererseits aber gewisse Annahmen über das physiologische Geschehen, das man den unmittelbar beobachteten Vorgängen zugrunde liegend denkt. In ersterer Beziehung ist es nun für Hering von fundamentaler Bedeutung, daß er die Helligkeitsreihe ihrer Natur nach nicht als Intensitäts-, sondern als Qualitätsreihe auffaßt, in richtiger Erkenntnis der Tatsache, daß es hier weder einen realen noch einen ideellen Nullpunkt und daher auch keine ausgezeichnete Richtung gibt, sondern daß das Fortschreiten in der Dunkelrichtung dem in der Hellrichtung durchaus gleichwertig ist — eine Auffassung, die ja mit der Einsicht mitgegeben ist, daß Schwarz kein Mangel an Empfindung, sondern eine ebenso positive Empfindung ist wie Weiß und daß es Dunkelempfindungen von einer Eindringlichkeit gibt, die viel größer sein kann als die relativ größerer Helligkeiten. Mit der Auffassung der Graureihe als einer Reihe von Qualitäten, die Helligkeiten haben aber nicht Helligkeiten sind, war für Hering auch die prinzipielle Begrenztheit dieser Reihe gegeben, womit nur gesagt ist, daß die Ausdrücke „absolutes Weiß" und „absolutes Schwarz" einen Sinn haben, nicht daß diese Empfindungen in unserer Erfahrung wirklich vorkommen müssen. Ich will hier, obzwar sich bei Hering hierüber keinerlei Andeutung findet, nur beifügen, daß auch im Gebiete der Tonempfindungen diejenigen Forscher, welche Höhen und Qualitäten trennen, die Reihe der letzteren für begrenzt halten müssen. Erst unter dem Gesichtspunkt der prinzipiellen Begrenztheit der Graureihe kann man eine gegebene Grauempfindung durch das Abstandsverhältnis von zwei, wenigstens begrifflich definierten Endpunkten charakterisieren, während in den obigen Erwägungen zwei, weiter gar nicht definierte, helle bzw. dunkle Grauempfindungen herausgegriffen und zu Endpunkten ernannt worden sind, somit eine Strecke herausgegriffen wurde, die an sich ebensogut ein Stück einer unendlichen Geraden sein könnte; als solche würde ja die Intensitätsreihe prinzipiell aufzufassen sein. Die Hypothese aber, die sich an diese Auffassung anschließt, besteht darin, daß man sich den jeder Grauempfindung zugrunde liegenden psychophysischen Prozeß als aus zwei Teilprozessen zusammengesetzt denkt, deren Größenverhältnis gleich ist dem umgekehrten Verhältnis der Abstände, die diese Empfindung von den ideellen Endpunkten der Graureihe hat. Daß dabei bloß die Verhältnisse in Frage kommen, hat, wie oben erwähnt, seinen Grund nur darin, daß wir hier lediglich die Qualität und nicht zugleich auch die Eindringlichkeit in Betracht ziehen. Für die Komponentenhypothese ist, wie man sieht, die Begrenztheit der Helligkeitsreihe die unumgängliche Voraussetzung und darum hat Hering auf diese letztere Auffassung so großes Gewicht gelegt und sie — mit Recht — als die grundlegende Differenz zwischen seinen und Fechners Ansichten betrachtet.

Behufs Gewinnung einer ganz bestimmten Abhängigkeitsbeziehung zwischen Lichtstärke und Helligkeit müssen allerdings noch gewisse andere Annahmen hinzutreten; allein die besondere Gestalt, die man diesen letzteren gibt und bei deren Wahl sich Hering nur von dem Gesichtspunkt der Einfachheit hat leiten lassen, ist nicht wesentlich und könnte durch eine andere ersetzt werden. Hierher gehört die vorläufige Annahme, daß der Lichtreiz bloß die Größe des Weißprozesses beeinflußt, während der Schwarzprozeß unberührt bleibt, und die weitere Annahme, daß der Weißprozeß mit dem Reiz proportional wächst; schließlich, daß der Adaptationszustand konstant bleibt — Annahmen, die gar nicht zuzutreffen brauchen. Setzt man die Größe des W- und S-Prozesses vor dem Reizeintritt je $= 1$, somit die Helligkeit des Eigenlichts $= 1/2$ (jede andere Annahme würde denselben Dienst leisten), läßt man ferner die Lichtstärke in gleichen Stufen von einer solchen Größe wachsen, daß der W-Prozeß immer um den Betrag 1 (also um seinen Anfangsbetrag) wächst, so haben die entsprechenden Helligkeiten die Werte $1/2$, $2/3$, $3/4$, $4/5$... oder 0,50, 0,67, 0,75, 0,80 ...; ihre Differenzen nehmen also ab, und zwar immer rascher — wie sie es ja auch unter der Annahme des Fechnerschen Gesetzes tun. Die Kurve ist aber — abweichend von Fechner — eine gleichseitige Hyperbel. Der Gegensatz zu Fechner wird unmittelbar ersichtlich, wenn man die Lichtstärken so anordnet, daß sie eine geometrische Reihe bilden, also z. B. die Reihe

$\ldots {}^1/_8, {}^1/_4, {}^1/_2, 1, 2, 4, 8 \ldots$

und den Gliedern gleiche Abszissenunterschiede zuordnet. Nach Fechner müßte dann die Abhängigkeit durch eine Gerade dargestellt werden; unter den Annahmen Herings erhalten wir aber eine Kurve, die nach beiden Seiten asymptotisch verläuft (der Richtung der Abszissenachse und einer ihr parallelen Geraden zustrebt), zuerst gegen die X-Achse konvex, dann konkav ist und in der Umgebung des Wendepunktes einen Verlauf hat, der einer Geraden sehr nahekommt (die den Abszissen $^1/_2$, 1, 2 entsprechenden Ordinaten z. B. haben die Werte 0,60, 0,67, 0,75, zeigen also nahezu gleiche Differenzen). In diesem Stück des Verlaufes gilt also das Fechnersche Gesetz mit großer Annäherung; diesseits und jenseits desselben gehen die Helligkeitszuwüchse nicht den relativen Zunahmen der Lichtstärke proportional, sondern nehmen beiderseits immer mehr und mehr ab, so daß die Helligkeiten selbst der Konstanz zustreben, wie das ja selbstverständlich ist, wenn man die Helligkeitsreihe als eine Qualitätsreihe, und somit als prinzipiell begrenzt auffaßt. Aus dieser Auffassung allein muß sich der beiderseits asymptotische Verlauf der Kurve ergeben. Die nichtlineare Beziehung zwischen Lichtstärke und Helligkeit liegt also zwar auf dem Weg vom äußeren Reizvorgang zur Erregung, ist aber nicht in der Disproportionalität dieser Vorgänge an sich, sondern darin begründet, daß der unbegrenzten Änderung einer einzigen Variablen auf der einen Seite ein Mischprozeß auf der andern entspricht, der als solcher notwendig Grenzen hat. Der nichtlineare Charakter darf also nicht in die Funktionalbeziehung zwischen zwei einfachen Variablen verlegt werden, wie das bei der logarithmischen Beziehung Fechners geschehen ist.

Was hier über die Beziehung von Lichtstärke und Helligkeit mitgeteilt wurde, kann dazu dienen, Herings Anschauungen über das allgemeinste Problem der Psychophysik, nämlich die Beziehung zwischen Reiz, Erregung und Empfindung klarzumachen. Natürlich muß man zu diesem Behufe die speziellen Bedingungen aussondern, die den Lichtempfindungen als solchen eigen sind und sich daher nicht ohne besonderen empirischen Nachweis auf andere Gebiete übertragen lassen. Zu diesen letzteren ist vor allem die schon erwähnte prinzipielle Begrenztheit der Helligkeitsreihe zu rechnen im Gegensatz zu ihrer Auffassung als einer Intensitätsreihe, die prinzipiell keine Grenzen hat, wenn ihr solche auch aus physiologischen Gründen tatsächlich gesetzt sind. Es ist klar, daß man Folgerungen aus dieser Auffassung nicht auf Sinnesgebiete übertragen kann, für die es solche grundsätzliche Grenzen nicht gibt. Ganz allgemein, also für alle Sinnesempfindungen geltend, denkt sich Hering zwischen Empfindungen (bzw. Vorstellungen) und den zugrunde liegenden psychophysichen Prozessen strenge Proportionalität bestehend, also keine logarithmische Abhängigkeit im Sinne Fechners. Er spricht sein psychophysiches Grundgesetz dahin aus, „daß die Reinheit, Deutlichkeit oder Klarheit einer Empfindung oder Vorstellung abhängt von dem Verhältnisse, in welchem das Gewicht derselben, d. i. die Größe des entsprechenden psychophysichen Prozesses, steht zum Gesamtgewichte aller gleichzeitig vorhandenen Empfindungen und Vorstellungen ... d. i. zur Summe der Größen aller entsprechenden psychophysischen Prozesse". Diese „Reinheit, Deutlichkeit oder Klarheit" schließt natürlich die Intensität, dort wo eine solche im üblichen Sinne überhaupt besteht, als Spezialfall ein. Wo dies nicht der Fall ist, wie bei den Lichtempfindungen, läßt sich noch immer von deutlicherem Hervortreten einer Komponente im Sinne einer größeren Ähnlichkeit mit dem Grenzpunkt einer Reihe sprechen, wie das oben näher ausgeführt wurde. Allgemein gilt nur, daß nicht die absolute Größe des psychophysischen Prozesses, sondern sein Verhältnis zur Summe der vorhandenen Erregungsgrößen für jene „Deutlichkeit und Klarheit" maßgebend ist. Daß diese sich, wie oben bemerkt, psychisch verschieden äußert, je nachdem es sich um selbständige Bestandteile eines Empfindungskomplexes oder um unselbständige Teile (Merkmale) einer Empfindung handelt, liegt in der Verschiedenheit des Stoffes selbst, der bald wirklich, bald nur durch vergleichende und unterscheidende Tätigkeit abtrennbar ist — der psychophysische Grundgedanke bleibt derselbe. Daher wird sich z. B. eine Betrachtung, wie sie oben für die Graureihe durchgeführt wurde, auf die Reihe der akustischen Tonintensitäten nicht in analoger Weise übertragen lassen, weil sich diese nicht, wie jene, als eine zwischen zwei Grenzkomponenten eingeschlossene Ähnlichkeitsreihe auffassen läßt. Insofern kann man Herings Gesetz als ein Rahmengesetz auffassen, das seine spezielle Gestalt entsprechend der Natur des Empfindungsstoffes erhält. Festzuhalten ist aber jedenfalls, daß dieses Gesetz eine Beziehung zwischen psychophysischer Erregung und Empfindung ausspricht und das Verhältnis von äußerem Reiz und Erregung ganz offen läßt. Über dieses letztere läßt sich allgemein überhaupt nichts sagen, sondern nur für jedes einzelne Empfindungsgebiet nach den besonderen daselbst bestehenden Erfahrungen. In dieser letzteren Beziehung kann Proportionalität, aber auch jede andersartige Abhängigkeit bestehen. In einem Sinnesgebiet z. B., in welchem, wie beim Lichtsinn, sukzessive und simultane Anpassung besteht, in welchem also die Erregung sowohl von der zeitlichen als auch von der räumlichen Nachbarschaft mitbestimmt wird, ist von vornherein eine andere, und kompliziertere Beziehung zwischen Reiz und Erregung zu erwarten, wie etwa auf dem Gebiete der Tonempfindungen, die solche Adaptationsvorgänge nicht zeigen. Der Erregungsvorgang hat gegenüber dem auslösenden Reiz seine besonderen Gesetze, die das Eigenleben der Sinnessubstanz beherrschen und für die Sehsubstanz andere sind wie für die Hörsubstanz. Die obigen Überlegungen über den Zusammenhang zwischen Lichtstärke und Helligkeit, der durch eine Hyperbel dargestellt wurde, haben nur die Beziehung zwischen psychophysischer Erregung und Empfindung, wie Hering sie sich denkt, zugrunde gelegt und das Verhältnis von Reiz und Erregung vorläufig als proportional, also als viel einfacher angenommen als es tatsächlich ist; sie haben von der simultanen und sukzessiven Anpassung gänzlich abgesehen und sind daher empirisch ungültig. Aber es hatte einen guten Sinn, von den Komplikationen, die auf dem Weg vom Reiz zur Erregung liegen, vorläufig abzusehen, um sie erst später einzuführen; hat sich doch daraus ergeben, daß selbst bei strenger Proportionalität zwischen psychophysischer Erregung und Empfindung die Heringsche Auffassung von der Bedeutung des relativen Empfindungsgewichtes für eine zusammengesetzte Qualitätenreihe allein schon zu einer nichtlinearen Abhängigkeit führen muß.

Durch die vorstehenden Erwägungen wird man Herings gegensätzliche Stellung zu Fechner als eine solche erkennen, die nicht nur in der Antwort, sondern schon in der Fragestellung liegt. Herings allgemeines psychophysisches Gesetz bezieht sich auf das Verhältnis von Erregung und Empfindung und charakterisiert schon dieses nicht im Sinne einer logarithmischen Abhängigkeit; die Beziehung zwischen Reiz und Erregung aber behandelt sein Gesetz überhaupt nicht, da sich hierüber allgemein nichts sagen läßt. Würde man mit Fechner nach dem Verhältnis von äußerem Reiz und Empfindung fragen, so wäre das eine Konfundierung zweier Probleme, von denen Hering das eine als allgemein, das andere aber nur für jedes einzelne Sinnesgebiet im besonderen lösbar erachtet. Zusammen können sie dann natürlich keine allgemeine Lösung finden.

Die Erörterungen über allgemeine Psychophysik haben bereits etwas tiefer in jenes Spezialgebiet geführt, dem Hering einen beträchtlichen Teil seiner Lebensarbeit gewidmet hat — in die Theorie der Lichtempfindungen. Die Anschauung vom strengen Parallelismus zwischen Empfindung und psychophysischem Erregungsprozeß beherrscht Herings Lehren vom Lichtsinn durchgängig und bestimmt die allgemeine Natur sowohl der Fragestellungen als auch der Methoden; durch diese ist der Psychophysiker Hering zu charakterisieren, nicht durch die spezielle Gestalt, die jene Leitgedanken in seiner Farbentheorie angenommen haben.

Wenn die hypothetischen Erregungsvorgänge den Empfindungen angepaßt sein sollen, so müssen diese zunächst einer rein deskriptiven, von allen Rücksichten auf ihre physikalischen Ursachen freien Analyse unterworfen werden. Lediglich auf Grund ihres deskriptiven Charakters läßt sich die Frage beantworten, ob sie nur auf eine oder auf mehrere Arten in Reihen angeordnet werden können. Die Entscheidung ist bereits vor Hering im zweiten Sinne getroffen worden: man kann sie nach Farbenton oder Qualität, Helligkeit und (mit einer gewissen Einschränkung) Sättiguug anordnen. Dabei bleibt es zunächst offen, ob diese drei Momente als „Merkmale" anzusprechen sind, ähnlich wie wir es als Merkmale eines Gegenstandes bezeichnen, daß er weiß, hart, süß, und würfelförmig sei — Eigenschaften, die wir an einem einzigen Objekt unterscheiden können — oder ob diese Dreiheit sich mit der Tatsache erschöpft, daß eine Farbenempfindung in drei verschiedene Ähnlichkeitsreihen eingesetzt werden kann. Auf einen kurzen Ausdruck gebracht lautet die Frage: ordnen wir die Empfindung in dreierlei Ähnlichkeitsreihen, weil sie drei Merkmale hat, oder meinen wir mit letzterem Ausdruck gar nichts anderes, als daß wir dreierlei Anordnungen treffen können? Eine entschiedene Stellungnahme im einen oder anderen Sinne dürfte sich bei Hering kaum finden lassen. Für den Ausfall der Analyse ist das aber auch nicht von Belang; denn selbst wenn wir das Bestehen von Merkmalen als das in der Sache selbst Primäre ansehen, bleibt es doch wahr, daß wir sie und ihre Zahl nur durch die mehrfachen Variationsmöglichkeiten, also durch Anordnung in mehrere Reihen erkennen.

Innerhalb der Qualität hat Hering an der strengen Scheidung zwischen „tonfreien" (früher nannte er sie „farblosen") und „bunten" (früher „farbigen") Empfindungen festgehalten; mit ersteren ist die Graureihe gemeint, mit letzteren die Reihe von Empfindungen, wie sie uns etwa ein Spektrum bietet, dessen Enden sich durch die Vermittlung der Purpurtöne zusammenschließen. Diese wichtige Scheidung erscheint uns heute einleuchtend — wir vergessen, daß es eine Zeit gegeben hat, in der sie sich gegen den verkehrten Einwand behaupten mußte, es seien ja auch im Weiß alle möglichen „Farben" vertreten. In der geschlossenen Reihe der „bunten" Farben hat Hering, wie vor ihm schon Mach und Aubert, vier ausgezeichnete Punkte unterschieden, das tonreine Rot, Gelb, Grün und Blau (auch Urrot, Urgelb usw. genannt), während er alle anderen Qualitäten als Zwischenfarben ansieht. Keine von den deskriptiven Aufstellungen Herings hat so viel Widerstand gefunden wie diese. Nicht nur der Einwand, daß auch Orange oder Violett von homogener Strahlung erzeugt werden könne, ist — und zwar merkwürdigerweise auch von sehr ernst zu nehmender Seite — erhoben worden, sondern auch das andere, viel beachtenswertere Bedenken wurde geltend gemacht, daß man doch nicht an einem und demselben Orte Rot und Gelb sehen könne, wie man etwa c und g in einer simultan erklingenden Quinte gleichzeitig hört; man müßte also jedenfalls dieses „Zugleich-Sehen" mit einem „gleichsam" oder „sozusagen" entschuldigen. Hering hat in seiner letzten Publikation den irreführenden Ausdruck „Mischfarben" durch den harmloseren „Zwischenfarben" ersetzt und auch die vier ausgezeichneten Punkte in einer unverfänglicheren Weise charakterisiert als das sonst von den Anhängern der Mischqualitäten zu geschehen pflegt. In logisch geschlossener Anordnung ist sein Gedanke offenbar dieser: die Betrachtung des Farbenzirkels ergibt, daß die eine Hälfte eine gemeinsame Eigenschaft, nämlich die Rötlichkeit, hat, die der andern gänzlich fehlt; für die andere gilt Analoges in Hinsicht auf jene Eigenschaft, die man Grünlichkeit nennen kann. Beide Eigenschaften nehmen gegen die Grenzpunkte hin an Deutlichkeit immer mehr und mehr ab, so daß den Grenzpunkten, an denen die beiden Hälften zusammenstoßen, selbst weder die eine noch die andere Eigenschaft zukommt. Eine ähnliche Betrachtung trennt den Farbenzirkel in eine Hälfte, die durch die gemeinsame Eigenschaft der Gelblichkeit gekennzeichnet ist, von der anderen, bei der dies durch die gemeinsame Eigenschaft der Bläulichkeit geschieht. Die so entstehenden neuen zwei Grenzpunkte, die notwendig innerhalb der beiden früher erwähnten Hälften liegen müssen, sind also weder gelb noch blau. Dadurch allein sind vier Punkte als ausgezeichnete charakterisiert. Es ist aber damit auch gegeben, daß z. B. der eine Grenzpunkt zwischen der gelb- und der blauwertigen Hälfte die Eigenschaft der Rötlichkeit allein, d. h. ohne jede andere Eigenschaft, haben muß — und Analoges im übrigen. Die Eigenschaften der z. B. im Quadranten Roth-Gelb liegenden Empfindungen können dann nur durch zu- oder abnehmende Ähnlichkeit mit Rot und zugleich ab- oder zunehmende Ähnlichkeit mit Gelb charakterisiert sein; das „Urrot" selbst aber ist negativ charakterisiert als eine der zwei Qualitäten, die weder bläulich noch gelblich sind, wie ja auch jeder, der unter einer Anzahl von rötlichen Pigmenten das „reine Rot" heraussuchen soll, nur die negativen Kriterien benützt, daß es weder ins Blaue noch ins Gelbe „sticht". Diese Erklärung, die nichts von einer rätselhaften „Mischqualität" enthält, gibt zugleich Aufschluß über den für Herings Theorie so wichtigen Begriff der Gegenfarben: von den vier ausgezeichneten Farben werden je zwei solche als Gegenfarbenpaare zusammengefaßt, die die Grenzpunkte einer von den beiden oben besprochenen Halbierungen des Farbenzirkels bilden, oder, wie man ebensogut sagen kann: in betreff deren es nie vorkommt, daß eine Zwischenfarbe an beide erinnert. Da jede Zwischenfarbe je nach dem Grade ihrer Ähnlichkeit mit den Farben, die ihren Quadranten begrenzen, ihren Ort auf diesem letzteren erhält, so kann man auch unter den Zwischenfarben solche Paare als gegenfarbig bezeichnen, die bei dieser Abbildung einander diametral gegenüberliegen. Hier kann man nun, wenn man statt der Peripherie des Quadranten eine Gerade wählt, offenbar dieselben Betrachtungen anstellen, die früher über die Qualitäten in der Graureihe angestellt worden sind, d. h. man kann den Grenzfarben Prozesse zugrunde liegend denken, denen bei gleichzeitigem Auftreten jene Zwischenfarbe entspricht, deren Abstände von den Grenzfarben in umgekehrtem Verhältnis zueinander stehen wie die Gewichte jener beiden gleichzeitigen Prozesse — wobei alle obigen Erwägungen über relative und absolute Gewichte analog zu wiederholen wären. Daß der Begriff „Gegenfarben" aber ein rein deskriptiver ist, muß hier gegenüber den zahlreichen Mißverständnissen, denen er unnötigerweise ausgesetzt war, ganz besonders betont werden.

Da es ferner Empfindungen gibt, die zwischen irgendeiner Stelle des Farbenzirkels und irgend einer der Graureihe eine ähnliche Zwischenstellung einnehmen, wie die Zwischenfarben zu den Urfarben im Farbenzirkel, so hat man zum Farbenzirkel und der Graureihe noch sämtliche Übergänge hinzuzufügen, die auf den Verbindungslinien jedes Punktes des ersteren mit jedem Punkt der letzteren liegen. Hiermit ist aber auch das System der möglichen Farbenempfindungen erschöpft; das der wirklichen ist nur darum kleiner, weil die Grenzpunkte des absoluten Weiß, Schwarz, Rot usw. tatsächlich nicht erreicht werden, mithin als ideelle bezeichnet werden müssen. Im allgemeinen hat also eine Farbenempfindung eine vierfache Ähnlichkeitsbeziehung, die sich aber in besonderen Fällen auf eine drei- oder auch zweifache reduzieren kann. Es ist daher aus analogen Erwägungen, wie sie oben angedeutet wurden, statthaft, sich den einer Farbenempfindung zugrunde liegenden hypothetischen Erregungsvorgang aus Komponenten zusammengesetzt zu denken, deren Zahl durch die Zahl jener Ähnlichkeitsbeziehungen und deren Gewichtsverhältnisse durch das umgekehrte Verhältnis der Abstände (also der Ähnlichkeitsgrade) gegeben ist. Die bloß deskriptive Analyse der Farbenempfindungen bestimmt also die Vorstellungen über die hypothetischen Erregungsvorgänge in der Sehsubstanz nur insoweit, als die Zahl der Elementarerregungen der Zahl der Grundempfindungen entsprechen muß und unter den ersteren alle jene Kombinationen möglich sein müssen, die wir unter den letzteren in Form von

Ähnlichkeitsbeziehungen feststellen können. Wie wir uns sonst die Natur dieser hypothetischen Prozesse vorzustellen haben, namentlich ob und inwieweit sie als voneinander unabhängig gedacht werden müssen, darüber entscheiden die Entstehungsbedingungen unserer Empfindungen; ihr deskriptives Verhalten bildet nur den Rahmen für die weitere Ausgestaltung der Hypothese. Dies ist besonders festzuhalten, wenn man die Heringsche Annahme von dem Antagonismus gewisser Prozesse in der Sehsubstanz richtig verstehen will, von dem später ausführlicher gesprochen werden soll. Würde sich diese Annahme, wie man vielfach geglaubt hat, auf die deskriptive Tatsache stützen, daß wir in einer und derselben Empfindung niemals zugleich eine Rot- und Grünkomponente und niemals zugleich eine Blau- und Gelbkomponente wahrnehmen, so müßte man den Antagonismus so verstehen, daß die betreffenden Erregungsprozesse eineinander ausschließen, daß also beide nicht in gleichem Betrage vorhanden sein können. Herings Ansicht ist das nicht, wenn er sich auch manchmal einer abgekürzten Redeweise bedient, die so gedeutet werden könnte. Er ist vielmehr, wie wir sehen werden, der Meinung, daß auch die antagonistischen Prozesse immer gleichzeitig ablaufen, daß aber jede Erregbarkeitsänderung, die den einen Prozeß betrifft, mit einer gegensätzlichen für den andern verbunden ist und insofern eine antagonistische Abhängigkeit zwischen beiden besteht. Die später zu erwähnenden Gründe für diese Annahme werden sich als genetische, nicht als deskriptive erweisen. Den Grund aber warum die solchen Prozessen entsprechenden psychischen Korrelate nie als Komponenten einer und derselben farbigen Empfindung auftreten, sieht Hering darin gegeben, daß bei Gleichheit ihrer Beträge ihr Gesamtgewicht zu klein sei, um gegenüber dem viel größeren Gewicht der farblosen Erregungen merkbar wirksam zu sein. Man hat ja, wie vorgreifend erwähnt werden soll, Grund zu der Annahme, daß die Quantität derjenigen Teilsubstanz, die Träger der farblosen Erregungen ist, die der anderen Teilsubstanzen sehr beträchtlich überwiegt. Erst durch äußere Reize kann eine solche farbige Partialerregung ein Gewicht erlangen, das gegenüber dem Gewicht der farblosen Erregungen merkbar wirksam wird. Von diesem, durch (direkte oder indirekte) Reizwirkung erzeugten Plus an Erregung gilt dann, daß es die Farbigkeit der Empfindung bestimmt. Es liegt also nicht im Sinne Herings, wenn man von einer „Paralysierung“ antagonistischer Prozesse gesprochen hat. Auf dem eben erörterten Weg hat Hering dem Einwand begegnet, daß die Gegensätzlichkeit des Weiß- und Schwarzprozesses das Auftreten eines mittleren Grau unmöglich machen müßte, wie ja die Analoga im farbigen Gebiete (Rotgrün und Blaugelb) tatsächlich nicht bestehen. Ob er diese Erwägung auch später noch als die einzig mögliche angesehen hat, läßt sich aus der unvollendet zurückgebliebenen Darstellung der Lehre vom Lichtsinn (im Handbuch der Augenheilkunde von Graefe-Saemisch) nicht ersehen. Sicher ist nur, daß er die Gegensätzlichkeit gewisser Prozesse nicht aus deskriptiven Gründen und nicht im Sinne einer gegenseitigen Aufhebung der Erregungsvorgänge angenommen hat. — Insoweit die Theorie antagonistische Prozesse annimmt, geschieht dies für die farbigen Empfindungen in derselben Weise wie für die farblosen, kann also an dem einen der beiden Fälle allein erörtert werden.

Was nun die deskriptiven Grundlagen der Theorie anlangt, so sind diese natürlich nur durch eine Analyse der Farbenempfindungen selbst zu gewinnen mit bewußtem Absehen von allem, was etwa über deren Entstehungsbedingungen bekannt ist. Merkwürdigerweise sind diese Analysen als „subjektiv“ gelegentlich mit einer gewissen Geringschätzung behandelt worden. Weshalb sie als „subjektiv“ minder sicher sein sollen, ist um so weniger einzusehen, als ja Begriffe wie Farbenton, Helligkeit, Sättigung, deren sich doch jede Farbentheorie bedienen muß, nicht weniger „subjektiv“ d. h. aus einer bloß phänomenalen Analyse gewonnen sind und ein weiteres Fortschreiten auf einem Wege, der von jedem begangen werden muß, keine Einbuße an Verläßlichkeit bedeuten kann. Tatsächlich liegt dem geringeren Vertrauen, das man gewissen Ergebnissen „bloß subjektiver“ Analyse entgegenbringt, ein logischer und ein sachlicher Fehler zugrunde. Man vertraut den Merkmalen: Farbenton, Helligkeit, Sättigung mehr als etwa den Begriffen: Hauptfarbe, Zwischenfarbe, weil man die ersteren für physikalisch definierbar hält; der Farbenton sei durch die Wellenlänge, die Helligkeit durch die Amplitude, die Sättigung durch die Menge beigemischten weißen Lichtes „definiert“. Logisch ist diese Auffassung verfehlt, weil eine solche paarweise Zuordnung schon voraussetzt, daß man sowohl im physikalischen Vorgang als auch in der Empfindung bereits drei Variable unterschieden habe, somit an der subjektiven Analyse erst recht nicht vorbeikommt. Sachlich ist sie es, weil eine eindeutige Zuordnung gar nicht besteht. Änderung der Wellenlänge ändert selbst bei konstanter Energieverteilung immer auch die Helligkeit und Sättigung. Änderung der objektiven Strahlungsintensität ändert immer die Sättigung und — wenigstens in den Gebieten hoher und niedriger Intensität — auch den Farbenton. Die Sättigung aber ist schon darum physikalisch nicht definierbar, weil auch die Annäherung einer Farbenempfindung an Schwarz (dem gar kein Reiz entspricht) ebensosehr einen Sättigungsverlust bedeutet wie die an Weiß. Das alles gilt schon bei konstanten Erregbarkeitsverhältnissen; die Diskrepanz wird noch handgreiflicher, wenn man auch diese wechseln läßt. Hering hat sich denn auch mit allem Nachdruck gegen jene paarweise Zuordnung gewendet. Jedenfalls fehlt also dem größeren Vertrauen in die — wie man glaubt — auch physikalisch gestützten Analysen jede Grundlage.

Was nun die spezielle Ausgestaltung dieser Komponententheorie betrifft, so ist zweifellos ihr wichtigster Teil die Annahme, daß der Reihe der farblosen („tonfreien") Empfindungen, also der Graureihe, Prozesse zugrunde liegen, die vollständig unabhängig von denjenigen Prozessen verlaufen, die den farbigen Empfindungen im engeren Sinne entsprechen: dem ideellen Weiß entspricht ein einfacher Prozeß, dem ideellen Schwarz ebenso; jedem Grau ein Doppelprozeß, in welchem das Verhältnis der W- zur S-Komponente die Annäherung der Empfindung an jenes Weiß bzw. Schwarz bestimmt und unabhängig von allen etwa sonst in der Sehsubstanz stattfindenden Prozessen verläuft. Dieser farblose Prozeß, wie man ihn kurz nennen kann, findet nicht nur dort statt, wo eine Empfindung aus der Graureihe isoliert auftritt, sondern auch dort, wo sie sich als Komponente einer Farbenempfindung geltend macht, wie etwa in einem weißlichen Rot (Rosa), oder einem schwärzlichen Gelb (Braun). Für Hering ist also die Entstehung des Weiß aus Lichtern verschiedener Wellenlänge ebensowenig ein Grund den Weißprozeß für zusammengesetzt zu halten, wie ihn etwa umgekehrt die Entstehung eines weißlichen Gelb durch intensives homogenes Licht dazu veranlaßt hätte, den zugrunde liegenden Erregungsvorgang für einfach zu erklären. Den *nichtphysikalischen* Charakter seiner Theorie kennzeichnet dieser Umstand wie kein anderer.

Die Unabhängigkeit der farblosen Prozesse stand *Hering* auf Grund folgender Erfahrungen fest:

Alle Umstände, welche die Erregbarkeit für farbloses Licht beeinflussen (also z. B. „Weißermüdung“ erzeugen), beeinflussen in derselben Weise auch die farblose *Komponente* einer aus einer solchen und einer farbigen zusammengesetzten Erregung, ohne die letztere irgendwie zu berühren (es gibt also eine von der „Farbenermüdung“ unabhängige „Weißermüdung“). Eine der auffallendsten Formen dieser selbständigen Erregbarkeitsänderung zeigt sich darin, daß ein durch längere Zeit vor jedem Lichtzutritt geschütztes, also vollkommen ausgeruhtes Auge die Farben in beträchtlich *geringerer* Sättigung sieht als das ungeschützte Auge: die vorausgegangene Ruhe hat also die Weißempfindlichkeit bedeutend stärker erhöht als die Empfindlichkeit für die farbige Komponente. Einen zweiten Grund bildet die Tatsache, daß man dieselbe farblose Empfindung, welche man durch passende Mischung komplementärer Lichter erzeugt, auch hervorbringen kann, wenn man an die Stelle jedes der farbigen Lichter ein farbloses von gleicher Weißvalenz treten läßt, d. h. ein solches Licht, welches denselben farblosen Reizwert hat wie ihn das betreffende farbige Licht neben seinem farbigen Reizwert besitzt. Diese Tatsache ist gleichzeitig geeignet, die Wirkung eines komplementären Gemisches als *Restphänomen* zu charakterisieren: die Erregungen, die durch die Einzellichter veranlaßt werden, bilden nicht *zusammen* die resultierende Weißerregung, sondern sie lassen nur übrig, was schon vorher da war, indem die farbigen Komponenten des Reizes ihre Wirkungen gegenseitig aufheben. Einen dritten Grund geben die Erscheinungen der totalen Farbenblindheit ab, wie sie in pathologischen Fällen der gesamten Netzhaut, normalerweise aber ihrer periphersten Zone eigen sind. Die Gleichungen, die hier zwischen jedem (normalerweise) farbigen und einem farblosen Licht von passender Intensität bestehen, stimmen mit dem Grade von Genauigkeit, den man hier überhaupt verlangen kann, überein mit denjenigen Gleichungen, die auch für den farbentüchtigen Netzhautbezirk gelten, wenn man durch geeignete Maßregeln die Weißempfindlichkeit so sehr steigert, daß die farbige Komponente unter der Schwelle bleibt. Schließlich liefert aber auch die partielle Farbenblindheit, namentlich in der am häufigsten zu beobachtenden Form der Rotgrünblindheit, ähnliche Erfahrungen an den zwei Stellen des Farbenzirkels, an denen das normalerweise rot oder grün erscheinende Licht gänzlich farblos gesehen wird; an diesen „neutralen" Stellen stimmen die Gleichungen ebenfalls mit den Weißvalenzgleichungen im oben erwähnten Sinne. Die Farbensinnstörungen isolieren also einen Erregungsvorgang, den man normalerweise wenigstens isoliert beinflussen kann.

Es sind ähnliche Erwägungen, die Hering dazu geführt haben, auch innerhalb der farbigen Prozesse — der abgekürzte Ausdruck ist ja verständlich — den Rot- und Grünprozeß zu einem engeren Komplex zusammenzufassen und desgleichen den Blau- und Gelbprozeß, und auch diese beiden Komplexe als selbständige, d. h. voneinander unabhängige aufzufassen. Herabsetzung oder völlige Aufhebung der Roterregung ist sowohl in der peripheren Netzhaut wie auch beim rotblinden oder rotschwachem Auge auf der ganzen Netzhaut immer mit einer entsprechenden Herabsetzung oder Aufhebung der Grünerregung verbunden bei intaktem Blau-Gelbsinn; ebenso kommt eine Schädigung des letzteren niemals in der Form vor, daß nur eine seiner Komponenten, etwa der Gelbsinn, geschädigt wäre. Wandert also ein farbiges Netzhautbild vom Zentrum bis in die äußerste Peripherie, so sind seine Tonänderungen unter diesem Gesichtspunkt durchaus einheitlich zu erklären und die Probe aufs Exempel bildet die Tatsache, daß es vier Farben gibt, die bei dieser Wanderung wohl ihre Sättigung, niemals aber ihren Ton ändern, und daß in bezug auf die Sättigungsänderung je zwei von diesen vieren miteinander parallel gehen: wie jene vier Farben eben diejenigen sind, die der Beobachter deskriptiv als die vier Hauptfarben bezeichnet, so sind zu parallel gehenden Paaren diejenigen vereinigt, die er auch unter deskriptivem Gesichtspunkt als Gegenfarben bezeichnet hat. Die Beobachtung an den partiell oder total farbenblinden Netzhautzonen des Normalen sind insofern besonders beweisend, als man hier auch den Farbenbezeichnungen volles Zutrauen schenken darf, was bekanntlich für die Fälle angeborener pathologischer Farbensinnstörungen wegen der verschobenen und auch sonst undurchsichtigen Nomenklatur nicht statthaft ist. Da also in bezug auf Schädigung oder völligen

Ausfall immer zwei Komponenten parallel gehen und sich unabhängig von den anderen zeigen, so hat man ein Recht sie auch funktionell enger zusammenzufassen. Dazu kommt, daß alle Erregbarkeitsänderungen, wie sie z. B. durch Kontrast entstehen, sich immer an beiden Gliedern eines solchen Paares, wenn auch in entgegengesetztem Sinne, zeigen, und unabhängig vom Erregbarkeitszustand des andern Paares verlaufen: eine Erregbarkeitssteigerung für Blau geht immer mit einer Minderung der Erregbarkeit für Gelb parallel, ist aber unabhängig von der Erregbarkeit für Rot und Grün, die wieder untereinander einen ähnlichen Zusammenhang zeigen; kurz, die Paare Rot-Grün und Blau-Gelb grenzen sich gegeneinander ähnlich ab wie jedes von ihnen gegen die tonfreien Farben.

Steht nun die gegenseitige Unabhängigkeit jener drei Doppelprozesse fest, so fragt sich, welche Vorstellung von der Natur jedes einzelnen von ihnen den Tatsachen am besten gerecht wird. Zum Zweck der leichteren Darstellung, aber auch nur zu diesem, hat sich Hering die Sehsubstanz in drei Teilsubstanzen zerfällt gedacht, die er als WS-Substanz, RGr-Substanz und BlG-Substanz bezeichnet. Da er sich die Vorgänge in diesen Einzelsubstanzen analog denkt, genügt es, sie an einer von ihnen zu erörtern, etwa an der ersten, und daher nur die Erfahrungen heranzuziehen, die im Gebiete der „tonfreien" Empfindungen, also der Graureihe, vorliegen; sie müssen sich dann ohne weiteres „ins Farbige übersetzen" lassen. Das Wesen der Theorie kann es dabei nicht berühren, daß es im Bereiche der WS-Substanz nicht zwei äußere Lichtreize gibt, von denen der eine den W- der andere den S-Prozeß anregt (es gibt keinen Schwarzreiz), während im Gebiete der anderen Substanzen jedem der beiden Elementarprozesse auch ein äußerer Reiz entspricht, z. B. Rotreiz und Grünreiz. Hering stellt sich — ganz wie Joh. Müller — den äußeren Reiz nur als Anstoß für die Sehsinnsubstanz vor, ihr Eigenleben nach dessen inneren Gesetzen zu entwickeln, ein Eigenleben also, das nicht erst beginnt, wenn der äußere Reiz wirkt, sondern immer da war, solange die Substanz lebte, und durch den Reiz nur unter veränderte Bedingungen gestellt wird. Sind aber W- und S-Prozeß nur zwei Seiten dieses Eigenlebens und als solche gar nicht isoliert möglich, so läßt sich ihre wechselseitige Abhängigkeit auch erforschen, wenn ein den S-Prozeß begünstigender Reiz nicht besteht; ein fingierter Schwarzreiz würde ja diesen Prozeß nur quantitativ beeinflussen, nicht aber ihn erst ermöglichen. In gewissem Sinne wird durch sein Fehlen die exakte Fassung der Hypothese sogar erleichtert, insofern sich nämlich das Verhalten des S-Prozesses ohne äußeren Reiz mit dem Verhalten seiner farbigen Analoga vergleichen läßt, die überdies auch noch unter dem Einfluß eines Lichtreizes stehen können. Johannes Müller hat es an Goethe und Purkinje gerühmt, daß sie der Beobachtung der subjektiven Gesichterscheinungen (z. B. der Nachbilder) so großes Interesse gewidmet haben, da von den letzteren besonders reiche Aufschlüsse über das Eigenleben der Sehsubstanz zu erwarten seien. Aus demselben Grunde hat auch Hering — hierin abermals auf den Bahnen Joh. Müllers wandelnd — dem Studium dieser „subjektiven" Phänomene einen großen Teil seiner Forschungsarbeit zugewandt; und das eine kann man wohl mit Sicherheit behaupten, daß, mag man über seine Hypothesen denken wie immer, eine exakte Kenntnis dieses Tatsachengebietes erst durch seine Untersuchungen gewonnen worden ist.

Herings Ansichten über die Vorgänge in der Sehsubstanz sind natürlich erst aus dieser Tatsachenkenntnis erwachsen. Eine übersichtliche Darstellung kann aber mit Vorteil den umgekehrten Weg gehen und die Theorie voranstellen.

Das Leben der Sehsubstanz besteht in ihrem Stoffwechsel, den man sich notwendig als ein Zusammenbestehen eines chemischen Aufbau- und Abbauvorganges vorstellen muß — Hering hat hierfür die Namen Assimilation (A) und Dissimilation (D) der Pflanzenphysiologie entlehnt. Man kann diese beiden Prozesse als gegensätzliche (antagonistische) nur in dem Sinne auffassen, als jeder Erfolg, der durch die Vermehrung des einen erzielt wird, auch durch eine entsprechende Verminderung des andern erzielt werden kann; sie selbst schließen sich nicht aus, bestehen vielmehr immer gleichzeitig — man kann nicht einmal sagen „nebeneinander"; denn jeder für sich würde die Substanz nicht bloß quantitativ beeinflussen (wie etwa Zufluß und Abfluß bei einem Gefäß, das Wasser enthält), sondern auch ihre qualitative Konstitution ändern. Jeder Umstand, der den Aufbau- oder Abbauvorgang beeinflußt, beeinflußt natürlich auch den Stoffwechsel und damit die quantitative und qualitative Beschaffenheit der Substanz in einem Zeitquerschnitt. Von all diesen Umständen kann man diejenigen, welche nur gelegentlich auftreten und akut einsetzen, zu einer Gruppe vereinigen und sie von den relativ gleichförmigen und sich jedenfalls nur allmählich ändernden Umständen scheiden. Die ersteren sind diejenigen, die man gewöhnlich als Reize bezeichnet; zu den letzteren gehört z. B. die Zufuhr von Nährstoffen durch den Säftestrom oder auch die Temperatur, insofern diese den chemischen Umsatz beeinflußt. Man kann diese zweite Gruppe als „Bedingungen" des Stoffwechsels bezeichnen, sie als konstant annehmen und, solange sie dies sind, von ihnen absehen. Sind nun weder Reize noch auch Nachwirkungen früherer Reize vorhanden, ist m. a. W. die Sehsubstanz seit geraumer Zeit gänzlich sich selbst überlassen, so befindet sie sich im Zustand des Ruhestoffwechsels, mithin in einem stationären Zustand, in welchem A = D und die Größe beider lediglich von den konstanten Lebensbedingungen abhängt, unter denen die Substanz eben steht. Hering nennt die dann vorhandene A und D autonom und den Zustand der Substanz autonomes Gleichgewicht. Ein auftretender äußerer Reiz kann im allgemeinen die Assimilation oder die Dissimilation fördern (bei der WS-Substanz nur die Dissimilation) oder, wenn beides der Fall ist, mindestens nach dem positiven Wert der algebraischen Differenz charakterisiert und demnach als A-Reiz oder D-Reiz bezeichnet werden. Gesetzt, es handle sich um einen D-Reiz (der Fall des A-Reizes ist analog zu behandeln), so erfahren die stabilen Bedingungen der bisher autonomen Dissimilation einen Zuwachs und es fragt sich, wie nunmehr der Stoffwechsel der Sehsubstanz auf diese veränderten Bedingungen reagiert. Sieht man die dabei auftretenden Empfindungen als das unmittelbare psychische Korrelat des geänderten Stoffwechsels an, so macht die Beobachtung der ersteren gewisse Annahmen über den Mechanismus dieser Stoffwechseländerungen wahrscheinlich, und zwar nicht nur über deren zeitlichen Ablauf, sondern auch über den wechselseitigen Einfluß, den die gleichzeitigen, aber örtlich getrennten Stoffwechselvorgänge aufeinander ausüben. Es vereinfacht die Hypothesenbildung und erleichtert die Darstellung, wenn man die Vorgänge, die den zeitlichen Ablauf bestimmen, von denen der räumlichen Wechselwirkung trennt und zunächst die ersteren so betrachtet, wie wenn die letzteren nicht vorhanden wären.

Unter dem Einfluß eines D-Reizes wird die Dissimilation sofort vergrößert, es tritt zur autonomen D ein allonomer Zuwachs und die Substanz ändert damit nicht nur ihre Quantität sondern wird auch qualitativ eine andere — Hering nennt sie unterwertig, während er ihre Beschaffenheit im Zustand des Ruhestoffwechsels als mittelwertig bezeichnet. Er nimmt weiter an, daß mit zunehmender Unterwertigkeit die Disposition zu weiterer Dissimilation abnimmt, zur Assimilation aber wächst. Die Wirkung dieser veränderten D- und A-Disposition muß sich natürlich sowohl während der Dauer des D-Reizes als auch nach dessen Beendigung geltend machen. Betrachtet man zunächst den letzteren Fall, so folgt, daß nach Schluß des Reizes die autonome Assimilation stärker sein wird als die (ebenfalls autonome) Dissimilation, daß aber dieses Überwiegen der A von einem Augenblick zum andern schwächer werden muß, weil ja jede gesteigerte Assimilation wieder die A-Disposition schwächt. Dieser autonome Prozeß kann nur so lange dauern, bis D und A ihr autonomes Gleichgewicht wiedererlangt haben: die Substanz kehrt also selbsttätig in den Zustand des Ruhestoffwechsels und damit in den der Mittelwertigkeit zurück und es ist klar, daß sie dabei alle Zustände der Unterwertigkeit rückläufig durchmacht, die sie während der Reizdauer im Sinne zunehmender Unterwertigkeit durchlaufen hat.

Wenn mit wachsender Unterwertigkeit die D-Disposition ab-, die A-Disposition aber im selben Maße zunimmt, so muß sich dieser Vorgang natürlich schon während der Reizdauer, und zwar bereits vom ersten Augenblick an geltend machen. Es wird also derselbe konstante Reiz der Dissimilation einen immer kleineren und kleineren allonomen Zuwachs erteilen und gleichzeitig wird die autonome Assimilation wachsen, weil die A-Disposition mit der Unterwertigkeit wächst. Es kann dann dazu kommen, daß Assimilation und Dissimilation einander an Größe wieder gleich werden, wobei aber ihr beiderseitiger Betrag größer ist als er es im Zustand des Ruhestoffwechsels war. Den nunmehr vorhandenen erzwungenen Gleichgewichtszustand hat Hering allonomes Gleichgewicht genannt und den eben beschriebenen Vorgang, der zu diesem neuen stationären Zustand führt, als Selbststeuerung oder Selbstregulierung des Stoffwechsels aufgefaßt, mithin als einen Vorgang, durch welchen jede Alteration, die der Stoffwechsel infolge eines Reizes erfährt, ihrem eigenen

Fortschreiten eine Grenze setzt. Man kann den Vorgang ebenso auch als Anpassung (Adaptation) des Stoffwechsels an einen konstanten Reiz bezeichnen.

Wie leicht zu ersehen, wird die plötzliche Beseitigung des D-Reizes zu einer Reihe von Vorgängen führen, die das Spiegelbild der eben beschriebenen darstellen. Offenbar überwiegt nunmehr die Assimilation und dieser Überschuß wird im ersten Augenblick am stärksten sein und aus analogen Gründen — stetig zunehmende D- und abnehmende A-Disposition — immer schwächer werden, bis wieder Gleichgewicht, und zwar in diesem Falle autonomes Gleichgewicht, eingetreten ist. Der Fall des plötzlich aufhörenden D-Reizes ist ein Grenzfall; man könnte in ähnlicher Weise den Fall diskutieren, daß an die Stelle desjenigen Reizes, für den sich die Sehsubstanz vollständig adaptiert hat, nicht der D-Reiz 0, sondern bloß ein schwächerer D-Reiz tritt. Das neue Gleichgewicht, das auch dann allmählich entstehen würde (vollständige Anpassung an den neuen Reiz), wäre dann durch eine geringere Unterwertigkeit charakterisiert, aber immer noch ein allonomes. Der oben erwähnte Grenzfall ist nur dadurch ausgezeichnet, daß der Prozeß nach völligem Wegfall des Reizes rein autonom verläuft. Natürlich ist auch die vollständige Adaptation, wie wir sie vorhin voraussetzten, ein Grenzfall: man könnte den Reiz abbrechen, ehe sie erreicht ist, und hätte so die Substanz erstens nur bis zu einem geringeren Grad der Unterwertigkeit vorschreiten lassen und zweitens hätte man der Dissimilation und Assimilation nicht Zeit gelassen, einander bis zur völligen Gleichheit entgegenzukommen. Ebenso leicht wie die Diskussion dieser Fälle, ergeben sich schließlich auch die Änderungen, die man an den sämtlichen Erörterungen anzubringen hat, wenn man an die Stelle des D-Reizes einen A-Reiz treten und sohin die Sehsubstanz die verschiedenen Zustände der Überwertigkeit durchlaufen läßt.

Fragt man nun nach der Leistungsfähigkeit dieser Theorie, fragt man m. a. W. ob die psychischen Korrelate, die diesen Stoffwechselvorgängen entsprechen, auch erfahrungsgemäß so ablaufen, wie sie es der Theorie zufolge tun müssen, so muß man (wenn man sich wieder auf die tonfreien Farben beschränkt) sich gegenwärtig halten, daß die Qualität der Empfindung durch das Verhältnis der Dissimilation bzw. Assimilation zur Größe des Gesamtstoffwechsels, also zur Summe beider, bestimmt wird, mithin nicht von der absoluten Größe der D- und A-Prozesse abhängt. Demnach haben wir als mittleres Grau die Empfindung anzusehen, die der Gleichheit der beiden Prozesse entspricht und daher durch die Relation $\frac{D}{A+D} = 1/2 = \frac{A}{A+D}$ gegeben ist, während alle dunkleren Empfindungen durch das relative Überwiegen von A, alle helleren durch das von D bestimmt sind.

Hering sieht diejenige (tonfreie) Empfindung, die unser Gesichtsfeld nach langdauerndem Abschluß von jedem äußeren Reiz erfüllt (das sog. Eigenlicht oder den Lichtnebel) als jenes mittlere Grau an, das dem Ruhestoffwechsel, also dem autonomen Gleichgewicht entspricht. Daß diese Empfindung nicht die des „absoluten Schwarz" ist, ist allgemein bekannt; sie aber als „mittleres" Grau zu bezeichnen, könnte anstößig erscheinen. Demgegenüber weist Hering daraufhin, daß mangels eines äußeren Schwarzreizes die Graureihe nach der dunkleren Seite viel weniger weit reicht als nach der helleren und wir nur darum nicht geneigt sind, dem Eigenlicht die Mittelstellung zuzuerkennen. Wirkt nun ein konstanter äußerer Reiz (der aus dem erwähnten Grunde hier nur ein D-Reiz sein kann), so ist die so entstehende Erhellung im ersten Augenblick am stärksten, nimmt sofort ab und kann, wenn man den Reiz genügend lang wirken läßt, schließlich bis zu jenem Mittelgrau absinken, wie es bei langdauerndem Lichtabschluß gegeben war. Das so erreichte Ende entspricht dem Zustand der vollständigen Adaptation; der Ablauf selbst aber (das stetige Dunklerwerden) entspricht dem stetigen Kleinerwerden des Unterschiedes zwischen D und A, dessen Ende eben darin besteht, daß er = 0 wird. Die Unterwertigkeit der Sehsubstanz nimmt dabei stetig zu, ist also am größten, wenn dieser Endzustand der vollständigen Adaptation erreicht ist. Es wäre aber ein Mißverständnis, die Qualität der Empfindung als Korrelat der Wertigkeit der Substanz anzusehen; die Qualität ist bei vollständiger Adaptation dieselbe wie vor dem Eintritt des Reizes, obwohl sich die Substanz in diesem Endzustand von der Mittelwertigkeit am weitesten entfernt hat. Man kann also diesen Endzustand maximaler Unterwertigkeit nicht durch das Verhältnis der tatsächlich vorhandenen Dissimilation und Assimilation definieren, da dieses Verhältnis ebenso = 1 ist wie im Zustand des Ruhestoffwechsels. Wohl läßt er sich aber definieren durch das Verhältnis der autonomen D- zur autonomen A-Disposition. Würde man nämlich den Adaptationsprozeß in irgendeinem Augenblick seines Verlaufes abbrechen und die Substanz fortan ihrem autonomen Stoffwechsel überlassen, so würde nunmehr die Assimilation über die Dissimilation überwiegen, und zwar um so mehr je weiter dieser Augenblick von dem des Reizeintrittes entfernt ist bzw. je näher er dem Endzustand der vollen Adaptation liegt. Bricht man den Prozeß nicht ab, so hat es natürlich trotzdem einen guten Sinn, der Substanz für jeden Augenblick eine bestimmte Disposition zu autonomer Dissimilation und Assimilation zuzuschreiben: durch das Verhältnis dieser beiden Größen wird dann tatsächlich die augenblickliche Wertigkeit der Substanz charakterisiert. Es ist also keineswegs ein Widerspruch, den Zustand der vollständigen Adaptation durch die Gleichheit von D und A, dabei aber durch den Minimalwert von $\frac{\delta}{\alpha}$ zu definieren, wenn unter δ die Disposition zu autonomer D, unter α die zu autonomer A verstanden wird; daß dann nur die aktuelle Relation $D = A$, nicht aber die dispositionelle $\frac{\delta}{\alpha}$ ein psychisches Korrelat besitzt, ist selbstverständlich. Beim erzwungenen Gleichgewicht ist $\frac{D}{A} = 1$, hingegen $\frac{\delta}{\alpha} < 1$. Die erstere Relation allein bestimmt die Empfindung; hingegen hat die Wertigkeit der Substanz, die durch die letztere Relation charakterisiert ist, überhaupt kein Empfindungskorrelat.

Nach Beseitigung des D-Reizes, für welchen das Auge bereits vollständig adaptiert war, tritt bekanntlich das dunkle Nachbild auf, das nur der Ausdruck der nunmehr stark überwiegenden Assimilation ist — wie oben auseinandergesetzt wurde. Die allmähliche Rückkehr der Sehsubstanz in den Zustand des autonomen Gleichgewichtes findet ihren psychischen Ausdruck in dem allmählichen Hellerwerden des Nachbildes, das schließlich das autonome Mittelgrau erreicht und in diesem Sinne verschwindet. Diese, unter dem Namen „Sukzessivkontrast" bekannte Erscheinung ist in der Tat ohne vorherige Adaptation gar nicht möglich; das „längere Betrachten des Vorbildes", das nötig ist, um ein Nachbild zu erhalten, ist eben die notwendige Bedingung der Adaptation; daß diese eine vollständige sein müsse, ist damit natürlich nicht gesagt. Was man im engeren Sinne „negatives

Nachbild" nennt, ist demnach nur das erste und auffälligste Stadium eines Erholungsvorganges, die erste Phase der Rückkehr der Sehsubstanz aus einem unterwertigen Zustand in den der Mittelwertigkeit. Die tatsächlich bestehende Untrennbarkeit von Adaptation und Kontrast wird unter dem Gesichtspunkt der Heringschen Auffassung, wie man sieht, selbstverständlich: die Sehsubstanz muß in den Zustand der Unterwertigkeit (bzw. Überwertigkeit) gebracht werden, wenn sie in den der Mittelwertigkeit zurückkehren soll.

Wie hier beiläufig bemerkt werden mag, läßt sich die soeben besprochene Auffassung der Adaptation (und damit auch des Sukzessivkontrastes) analog auf das Gebiet der Temperaturempfindungen übertragen — was Hering auch tatsächlich getan hat. Die Theorie E. H. Webers, wonach die Wärmeempfindung an das Steigen, die Kälteempfindung an das Sinken der Hauttemperatur gebunden sei, war nur mit einem Teil der Erfahrungen in Einklang zu bringen. Hering hat diese Theorie nicht beseitigt, sondern nur in glücklicher Art ergänzt, indem er die „physiologische Nullpunktstemperatur" d. h. diejenige Temperatur, die der nervöse Apparat besitzt, wenn man gar keine thermischen Empfindungen hat, nicht als eine konstante, sondern als eine variable ansieht, und zwar variabel infolge der Adaptationsfähigkeit, die er sich ähnlich denkt wie beim Lichtsinn. Es wird dann das Steigen oder Sinken der Temperatur über bzw. unter die augenblicklich herrschende Nullpunktstemperatur als Wärme bzw. Kälte empfunden. Daher ist es z. B. möglich, daß das Sinken der Hauttemperatur gar nicht empfunden wird, falls „die Nullpunktstemperatur" infolge der Adaptation ebenso rasch sinkt. Kurz: man hat den Gang, den die objektive Hauttemperatur durchmacht, nicht auf eine feststehende Abszissenachse zu beziehen, sondern auf eine Linie, die den Gang der physiologischen Nullpunktstemperatur darstellt, also auf die Adaptationskurve. Doch dies nur nebenbei.

Die bisher übliche, besonders auch von Helmholtz vertretene Ansicht hatte den sukzessiven Kontrast als eine „Ermüdungserscheinung" betrachtet: Licht, welches auf eine vorher ermüdete Netzhautstelle fällt, muß eine geringere Wirkung ausüben, als wenn es auf eine unermüdete Stelle trifft; daher das relative Dunkel an der ersteren. Hier ist das „relativ" zu betonen, nämlich „relativ zu unermüdeten Stellen." Denn wenn gar kein Licht auf die „ermüdete" Stelle fällt (wie etwa bei geschlossenen und sonst geschützten Augen), so kann sich dieser Auffassung zufolge die Ermüdung überhaupt nicht äußern; es müßte also mit der ermüdeten Stelle nichts anderes gesehen werden als was man mit einer ausgeruhten sieht, wenn alles Licht ferngehalten wird — etwa ebenso wie sich die Ermüdung eines Muskels nicht äußern kann, wenn er keine Arbeit zu leisten braucht. Da nun der Augenschein zweifellos gegen diese Konsequenz spricht — das Nachbild eines weißen Feldes sieht viel dunkler aus als das Eigenlicht bei ausgeruhtem Auge, das Nachbild eines schwarzen Feldes viel heller als „objektives" Weiß — so hat man eine etwas fragwürdige „psychologische" Erklärung heranzuziehen versucht. Unser „Urteil" über Helligkeit oder Dunkelheit eines Feldes sei nur eine Schätzung relativ zur Umgebung dieses Feldes; wenn also beispielsweise das Nachbild eines dunklen Feldes im geschlossenen Auge uns den Eindruck leuchtender Helligkeit mache, so habe es zwar in Wirklichkeit auch keine größere Helligkeit, als sie dem Eigenlicht zukommt — denn „ermüdet" war die entsprechende Netzhautstelle überhaupt nicht, weder im Vor- noch im Nachbildstadium — aber wir „beurteilen" seine Helligkeit nur relativ zur Umgebung, und diese ist infolge der Ermüdung dunkler geworden, um so vieles dunkler, daß uns im Vergleich mit ihr das Eigenlicht des begrenzten Feldes viel heller erscheint — etwa so wie uns ein und derselbe Mensch in der Umgebung sehr großer Menschen klein, in der Umgebung sehr kleiner groß vorkommt. Hering hat, ohne sich auf die Bedenklichkeit solcher Analogien näher einzulassen, eine Reihe von feinsinnig ausgedachten Versuchen angegeben, die diese Auffassung vollständig ausschließen. Da das Prinzip der Täuschung, die hier stattfinden soll, darauf hinausläuft, daß wir keinen richtigen Vergleich sukzessiver Empfindungen auszuführen vermögen und darum Gleiches für ungleich halten nur wegen der veränderten simultanen Umgebung, hatte Hering seine Versuche so angeordnet, daß uns jene Empfindungen, die wir fälschlich für ungleich halten sollen, gleichzeitig gegeben sind und daher von einer zeitlichen Verschiebung des Urteilsmaßstabes nicht die Rede sein kann. Da nun auch in diesem Falle die Ungleichheit in derselben Auffälligkeit bestehen bleibt, war jene psychologische Hypothese auszuschließen. Noch manche andere Erfahrungen machen sie ebenso unmöglich; so z. B. die Tatsache, daß der Wechsel in den Nachbildphasen, der sich sowohl im eingeschlossenen Feld als auch in seiner Umgebung bemerkbar macht, durchaus nicht für beide parallel geht, während die psychologische Erklärung natürlich verlangen würde, daß das erstere nur dann und nur in dem Maße heller oder dunkler wird, als in seiner Umgebung das Gegenteil eintritt.

Nach all dem konnte Hering mit vollem Rechte den Satz aussprechen, daß die Empfindung Schwarz nicht einem Ruhezustand, sondern einem positiven Prozeß, und zwar einem Assimilationsprozeß, also einem Erholungsvorgang entspreche. Als Komponente ist der Schwarzprozeß in der ganzen Grau-Reihe enthalten. Wo wir im engern Sinne von „Schwarz", also von einer sehr dunklen Empfindung, sprechen, muß der A-Prozeß den D-Prozeß stark überwiegen. Dies ist, da es hier keinen A-Reiz gibt, nur unter der indirekten Wirkung eines D-Reizes möglich; und darum hat Hering keine Paradoxie ausgesprochen als er sagte: „Die Empfindung des eigentlichen Schwarz entsteht wie die des Weiß unter dem Einfluß des objektiven Lichtes."

Eine interessante und theoretisch wichtige Folge dieses Verhaltens ist die, daß bei allmählich wachsender Gesamtbeleuchtung (etwa im Laufe der fortschreitenden Morgendämmerung) die helleren Gegenstände des Gesichtsfeldes immer heller, die dunkleren aber immer dunkler werden, während natürlich die physikalischen Strahlungen sämtlicher Objekte nur an Intensität wachsen können. Soweit also das Organ imstande ist, sich der Zunahme der Gesamtbeleuchtung anzupassen, entspricht der einseitigen Erweiterung des physikalischen Intensitätsbereiches eine doppelseitige Erweiterung des Helligkeitsbereiches unserer Empfindungen, wobei es dann eine Helligkeit geben muß, die sich überhaupt nicht ändert, nämlich diejenige, die genau dem Zustand der vollständigen Anpassung entspricht. Auf diese wichtige Tatsache hat Hering zuerst hingewiesen.

Die Erscheinungen der Adaptation — die des Sukzessivkontrastes bedürfen keiner besonderen Erwähnung, weil sie nur darin bestehen, daß die adaptierte Substanz unter spezielle Bedingungen gestellt wird — finden sich auf dem Gebiete der farbigen („bunten") Empfindungen in ganz analoger Weise und sind von Hering auch mit ähnlichen Methoden untersucht worden. Sie nötigen dazu, den Gelb- und Blau-Prozeß in eine analoge Beziehung zu bringen wie den Weiß- und Schwarz-Prozeß; und dasselbe gilt auch vom Rot- und Grün-Prozeß. Welches von den Gliedern dieser beiden Paare mit der Dissimilation und welches mit der Assimilation in Verbindung zu bringen ist, darüber hat sich Hering nicht mit Entschiedenheit ausgesprochen; für wahrscheinlich hat er jedenfalls gehalten, daß Gelb und Rot den dissimilativen, Blau und Grün den assimilativen Vorgängen entsprechen.

Der Sukzessivkontrast auf dem Gebiete der farbigen Empfindungen zeigt analoge Erscheinungen wie auf dem der farblosen. Daß auch er nicht, wie man bisher annahm, als Ermüdungserscheinung aufzufassen ist, hat Hering durch eine Reihe von Versuchen erwiesen, die zum Teil ähnlich angeordnet sind wie die auf den farblosen Kontrast bezüglichen, zum Teil neuartige Bedingungen einführen. In letzterer Beziehung sei die Erzeugung negativer Nachbilder durch bloße Abschwächung des Vorbildreizes erwähnt. Fixiert man z. B. ein rotes Vorbild auf grauem Grunde und schwächt sodann seine Lichtintensität passend, so sieht man die Stelle, von der noch immer rotes (wenn auch schwächeres) Licht ausgeht, bereits blaugrün. Man sollte nach der Ermüdungstheorie schwaches Rot oder höchstens Grau erwarten. Denn wenn man eine so übermäßige Ermüdung der Rotfasern annähme, daß nur die beiden anderen Faserarten wirksam blieben, so wäre nicht einzusehen, warum nicht schon das ungeschwächte Vorbild blaugrün erscheint — was aber nicht der Fall ist. Hering hat noch mancherlei Versuche erdacht, die andere Erfolge ergeben, als sie die Ermüdungstheorie erwarten läßt.

Die Analogie zwischen farbigen und farblosen Prozessen bleibt unberührt von der Tatsache, daß zwischen dem Verhalten der farbigen und farblosen Reize gewisse Unterschiede bestehen. Einmal nämlich gibt es, wie schon erwähnt, im Gebiete des Farbigen auch A-Reize, während es im farblosen Gebiete nur D-Reize gibt. Daraus folgt aber nur, daß die A-Prozesse im ersteren Falle nicht bloß autonom verlaufen, sondern auch allonome Verstärkungen erfahren können. Zweitens aber nötigen die Tatsachen zu der Annahme, daß es zwar Reize gibt, die bloß auf die WS-Substanz wirken, nicht aber solche, die ausschließlich auf die RGr- oder GBl-Substanz wirken, daß vielmehr jeder farbigwirkende Reiz neben seiner farbigen auch eine weißwirkende Komponente besitzt.

Die letzterwähnte Tatsache hat einige bemerkenswerte Konsequenzen. Hat sich das Auge etwa für gelbes Licht von bestimmter Stärke vollständig adaptiert, so muß es darum nicht auch für die Weißkomponente des Reizes vollständig adaptiert sein; es braucht also an der betreffenden Stelle nicht farbloses Mittelgrau zu sehen (was nur der Fall wäre, wenn auch die Weißadaptation eine vollständige wäre), sondern kann eine farblose Empfindung von beträchtlicher Helligkeit haben, also „Weiß" sehen. Schließt man nun den Lichtzutritt plötzlich ab und erzeugt so ein negatives Nachbild, so beginnt der assimilative Erholungsprozeß in beiden Substanzen — das Nachbild ist dunkelblau. Was man hier durch Fixation eines beschränkten z. B. gelben Feldes erzielt, wird aber immer eintreten, wenn die Allgemeinbeleuchtung überwiegend gelbe Strahlen enthält, da hier längst vollständige Adaptation für gelbes Licht von Durchschnittsintensität eingetreten ist, wobei ja — da das gelbe Licht überall vorwiegt — nicht einmal fixierender Blick vorhanden zu sein braucht. Daraus folgt, daß es nie einen Sinn hat, nach der Farbe eines Nachbildes zu fragen, wenn bloß die Farbe des Vorbildes gegeben ist; denn der chromatische Adaptationszustand, in welchem das Vorbild in einer bestimmten Farbe gesehen wurde, ist für die Färbung des Nachbildes ebenso ausschlaggebend. Je konstanter eine farbige Reizkomponente in der Allgemeinbeleuchtung prädominiert, desto mehr sind wir geneigt, das Vorhandensein einer chromatischen Verstimmung zu übersehen. Wir tun dies daher am leichtesten beim diffusen Tageslicht selber; und doch zeigt der Vergleich zwischen dem Eindruck, den eine und dieselbe Strahlung auf das durch längere Zeit geschützte und auf das ungeschützte Auge macht, mit aller Deutlichkeit, daß auch im Tageslicht eine farbige (nämlich rötlichgelbe) Durchschnittskomponente überwiegt, die dann u. a. auch bewirkt, daß das Nachbild von reinem Rot nicht grün, sondern blaugrün ist. Jener eben erwähnte Vergleich zwischen dem Farbenton bei geschütztem und bei freigegebenem Auge gibt ein Mittel an die Hand, zu entscheiden, ob wir es mit einer im Durchschnitt neutralen Allgemeinbeleuchtung zu tun haben oder mit einer solchen, die eine chromatische Dauerverstimmung hervorrufen muß. Steht aber auf Grund dieser Erfahrungen fest, daß die Abweichung eines Nachbildes von der Gegenfarbigkeit nur auf dieser Dauerverstimmung beruht, dann kann man umgekehrt jene Abweichung selbst zum Kriterium der chromatischen Verstimmung machen und so auch die neutrale Stimmung durch die nicht gestörte Gegenfarbigkeit der Nachbilder definieren — ein Weg, den ebenfalls Hering gewiesen hat.

Aus der Tatsache, daß dasselbe Weiß (oder Grau) ebenso bei autonomem Gleichgewicht der farbigen Sehsubstanzen wie auch bei den verschiedensten allonomen Gleichgewichtszuständen derselben empfunden werden kann, ergibt sich noch eine andere Konsequenz, auf die ebenfalls Hering aufmerksam gemacht hat. Bei der Herstellung von Komplementärgemischen hängt es offenbar ganz von dem augenblicklich herrschenden chromatischen Adaptationszustand ab, welche Lichter und in welchem Stärkeverhältnis man sie wählen muß, um ein farbloses Gemisch zu erzeugen. Es hat daher keinen guten Sinn, etwa die homogenen Lichter nach Wellenlängen in komplementäre Paare zu gruppieren — man müßte sich denn auf einen gewissen mittleren Charakter des Tageslichtes beziehen, was eigentlich eine Fiktion ist. Zwei Lichter von bestimmter Wellenlänge und bestimmtem Stärkeverhältnis, die sich in der Mittagszeit als komplementär erwiesen, brauchen dies am späten Nachmittag nicht zu sein. Dieser Wechsel hat aber seinen Grund nicht darin, daß unser „Urteil" über die Empfindung Weiß ein schwankendes ist, sondern darin, daß identisch dieselbe Weißempfindung je nach der chromatischen Stimmung durch Licht von sehr verschiedener physikalischer Beschaffenheit veranlaßt und daher physikalisch überhaupt nicht definiert werden kann. Natürlich ist auch die Frage, ob komplementären Lichtern gegenfarbige Empfindungen entsprechen, nur unter dem obigen Gesichtspunkt zu entscheiden und daher im allgemeinen zu verneinen — ohne daß daraus der Theorie der Gegenfarben irgendwelche Verlegenheit erwüchse.

Alle die Tatsachen der sukzessiven Anpassung sind übrigens ebenso viele Beweise dafür, daß man bei gleichem Empfindungsinhalt nicht ohne weiteres identische psychophysische Prozesse voraussetzen darf; wären die letzteren durch die Qualität der Empfindung eindeutig charakterisiert, so müßten sie, wenn man die sonstigen Bedingungen in zwei Fällen identisch ändert, auch identische Empfindungsänderungen zur Folge haben — was erfahrungsgemäß nicht der Fall zu sein braucht. Wenn man mit Hering annimmt, daß nur das Verhältnis, nicht aber die absolute Größe der D- und A-Prozesse die Qualität der Empfindung bestimmt, so gewinnt man für jene nicht eindeutige Charakteristik die erforderliche Grundlage. Wie schon früher einmal bemerkt wurde, ist damit nicht gegen einen allgemein gefaßten Parallelismus Stellung genommen — was Hering ferngelegen wäre — sondern nur gegen eine sehr übliche Form desselben, die wir früher als eine im funktionellen Sinn „atomisierende" bezeichnet haben.

Die Stoffwechselerscheinungen der Sehsubstanz, wie sie bisher erörtert wurden, waren, um die Darstellung nicht allzu verwickelt zu gestalten, vorläufig unter die Voraussetzung gestellt, daß die Vorgänge in jedem einzelnen Teile des Sehfeldes von den Vorgängen in allen übrigen Teilen unabhängig seien. Hering hält diese Voraussetzung für unzutreffend. Seine Lehre von der Wechselwirkung aller Teile der Sehsubstanz knüpft an die, auch vor ihm schon lange bekannten Tatsachen des Simultankontrastes an, führt ihn aber zu einer weit über diese Tatsachen hinausgehenden, allgemeineren Auffassung dieser Wechselbeziehung — ähnlich wie wir ja auch seine Anschauungen über die sukzessive Anpassung weit über das Gebiet der „Nachbilder" hinausreichen sahen. Immerhin war jene spezielle Form der Wechselwirkung, wie wir sie im simultanen Helligkeits- und Farbenkontrast kennen, für ihn darum von so großer Bedeutung, weil es — namentlich gegenüber Helmholtz — darauf ankam, zu zeigen, daß der Simultankontrast überhaupt unsere Empfindungen beeinflußt, und nicht etwa nur unser Urteil über Empfindungen; denn wenn diese Alternative überhaupt einen Sinn haben soll, so kann man von einer Wechselwirkung der Sehfeldstellen nur sprechen, sofern sie zugunsten des ersteren Gliedes entschieden wird. Ist die Empfindung eines grauen Feldes in weißer Umgebung dieselbe wie in schwarzer und rührt die scheinbare Verschiedenheit nur davon her, daß wir die Helligkeit nach ihrem Abstand von der Helligkeit der Umgebung verschieden beurteilen, so würde natürlich von einer Wechselwirkung zwischen den Teilen der Sehsubstanz nicht die Rede sein können. Hering mußte sich darum die Bekämpfung dieser Lehre besonders angelegen sein lassen. Er hat auch hier wieder den Kunstgriff angewendet, jenen trügerischen Erinnerungsvergleich, den viele als die eigentliche Ursache des Kontrastphänomens ansahen, dadurch auszuschließen, daß er das dem Kontrast ausgesetzte Feld mit einem anderen, identisch belichteten, aber dem Kontrast nicht ausgesetzten Felde unmittelbar vergleichen ließ — wobei der Unterschied zwischen beiden Feldern voll erhalten blieb. Er hat weiter darauf hingewiesen, daß sich ein entsprechender Unterschied auch im negativen Nachbild dieser beiden Felder zeige. Den naheliegenden Ausweg, die auch im Nachbild verschiedene Helligkeit der Umgebung dafür verantwortlich zu machen, hat Hering durch den Nachweis ausgeschlossen, daß es im Nachbild Phasen gebe, in denen die Umgebung beider Felder gleich, die Felder selber aber nach wie vor verschieden erscheinen — wie man denn überhaupt Versuchsbedingungen einführen könne, unter denen der Wechsel in der Helligkeit der Kontrast erregenden Umgebung nur schwach oder gar nicht bemerkbar sei, während das Kontrastfeld selbst seine Helligkeit sehr auffallend ändere. Hinsichtlich der Kritik dieser psychologischen Theorie war aber noch andere Arbeit zu leisten. Die Ansicht, daß man die Helligkeit eines Feldes je nach seiner Umgebung verschieden „beurteile", konnte nur beim Helligkeitskontrast, nicht aber beim Farbenkontrast plausibel gemacht werden; denn warum wir ein objektiv graues Feld in gelber Umgebung als blau „beurteilen" sollen, kann auf einem analogen Weg nicht begründet werden. Es mußten daher andere, und viel kompliziertere Wege ersonnen werden, auf denen unser „Urteil" mittels „unbewußter Schlüsse" solche Ergebnisse zutage fördern könnte. So wurde, um nur ein Beispiel anzuführen, die Tatsache, daß uns ein graues Papierschnitzel auf grünem Grunde durch ein, Feld und Umgebung bedeckendes, Seidenpapier hindurch rot erscheint (Meyerscher Florkontrast), dadurch erklärt, daß wir das deckende Seidenpapier als ununterbrochenen grünen Schleier auffassen und das graue Schnitzel für rot „halten", weil wir aus der Erfahrung wissen, daß ein Objekt in Wirklichkeit rot sein muß, um, durch einen grünen Schleier gesehen, grau zu erscheinen. Obwohl nun Erklärungen dieser Art schon vom Gesichtspunkt der falschen Fragestellung aus abzulehnen gewesen wären, hat

Hering die Mühe nicht gescheut, durch scharfsinnig erdachte Änderung der Versuchsbedingungen den schlagenden Nachweis zu liefern, daß die Wege, die man hier unserer Urteilstätigkeit zumutet, auch zu dem Ziele nicht führen, das der verfehlten Problemstellung entsprechen würde.

Nach Herings Auffassung „induziert" jeder vom autonomen Gleichgewicht abweichende Stoffwechsel einer Sehfeldstelle eine gegensinnige Änderung im Stoffwechsel der gesamten Umgebung, eine Änderung, die am stärksten ist in der unmittelbaren Umgebung, des „induzierenden" Feldes, mit der Entfernung aber abnimmt. Und weiter nimmt er an, daß der positive Wert von D—A, also das Überwiegen der Dissimilation im induzierenden Felde die Dissimilation in der Umgebung herabsetzt und zugleich die Assimilation steigert, und daß beides proportional jener Differenz erfolge. Es ist kaum nötig, noch einmal daran zu erinnern, daß die Farbe des induzierenden Feldes keinen Schluß auf die Stärke der Induktionswirkung gestattet, da die erstere nur vom Quotienten $\frac{D}{A}$, die letztere aber von den absoluten Werten von D und A bestimmt wird. Daß die zweien gleich aussehenden Farben zugrunde liegenden psychophysischen Prozesse unter Umständen als sehr verschieden angenommen werden müssen, hat Hering u. a. auch dadurch nachgewiesen, daß er solchen gleichaussehenden Feldern dieselben Quantitäten objektiven Lichtes zumischt und sie auf diese Weise zu ungleich aussehenden macht. Man braucht nur zwei objektiv verschieden belichtete Felder durch die induzierende Wirkung ihrer beiderseitigen (passend gewählten) Umgebungen subjektiv gleichzumachen und dann beiden Feldern identische Quantitäten objektiven Lichtes zuzuspiegeln — so wird man sich von der Ungleichheit des Endeffektes leicht überzeugen. Welche allgemein-psychophysische Bedeutung Versuche dieser Art haben, ist schon bei einer früheren Gelegenheit (S. 10.) betont worden.

Man muß zwischen demjenigen Teil der Theorie, der aus den prinzipiellen Anschauungen Herings über den Stoffwechsel der Sehsubstanz fließt, und gewissen quantitativen Annahmen, die Hering möglichst einfach gestaltet hat, streng unterscheiden. Daß jeder D-Reiz hemmend auf die D-Prozesse der Umgebung, fördernd auf die A-Prozesse wirkt, daß den ersteren das psychische

Korrelat „Weiß", den letzteren das Korrelat „Schwarz" entspricht, und daß schließlich die Qualität jeder Grauempfindung nur von dem Verhältnis dieser beiden Prozesse, nicht von ihrer absoluten Größe abhängt, gehört zu den prinzipiellen Anschauungen *Herings*. Zu den einfachen quantitativen Annahmen gehört, daß die durch einen Reiz auf die Umgebung induzierten positiven oder negativen Zuwüchse an A- bzw. D-Prozessen diesem Reize proportional sind. Für die rechnerische Behandlung der Kontrasterscheinungen ist es aber natürlich von großer Bedeutung, daß sich auch diese quantitativen Annahmen empirisch bewähren. Aus der soeben erwähnten Proportionalität folgt nämlich, daß der Lichtreiz, der erforderlich ist, um die induzierende Wirkung eines Umgebungsreizes gerade zu kompensieren, zu diesem in einem konstanten Verhältnis stehen, also mit ihm proportional wachsen und abnehmen muß — unter sonst gleichen Umständen, vor allem bei gleicher ursprünglicher Belichtung von Feld und Umgebung. Diese Konstanz, mithin die Existenz eines *Kontrastkoeffizienten*, ist durch eine sorgfältige, auf *Herings* Anregung hin entstandene Untersuchung von *Hess* und *Pretori* erwiesen worden: jeder Zusatz zum kontrasterregenden Reiz der Umgebung bedarf eines gewissen Zusatzes im kontrasterleidenden Feld, um die verdunkelnde Wirkung zu kompensieren; bei gleicher Anfangsbelichtung beider Felder müssen diese beiden Zusätze proportional wachsen und abnehmen. Dieses gesetzmäßige Verhalten hat aber sehr bedeutungsvolle Folgen. In dem Falle nämlich, daß „Infeld" und „Umfeld" (die Ausdrücke bedürfen ja keiner Erklärung) *von vornherein* jenes Lichtstärkeverhältnis haben, das dem Kontrastkoeffizienten selbst entspricht, wird durch jede Änderung in der Stärke der Gesamtbeleuchtung die Lichtstärke beider Felder nicht nur proportional geändert (was ja selbstverständlich ist), sondern gerade in dem Verhältnis, das nötig ist, um die induzierende Wirkung auf das Infeld zu kompensieren: demnach behält das Infeld seine Helligkeit unverändert bei — trotz beliebig weitgehender Änderung der allgemeinen Beleuchtungsstärke. Es gibt also diesfalls ein Feld *konstanter Helligkeit*. Stehen hingegen die anfänglichen Lichtstärken beider Felder in einem anderen Verhältnis als es dem für diese Anfangsbeleuchtung gültigen Kontrastkoeffizienten entsprechen würde, so kann durch Änderung der Gesamtbeleuchtungsstärke entweder ein Unter- oder ein Überkompensieren der Induktionswirkung erzielt werden. Daher kann ein bestimmtes Infeld bei Erhöhung der Allgemeinbeleuchtung dunkler oder heller werden oder im besonderen Falle gleichbleiben. Es gibt also auch im Gebiete der simultanen Kontrastwirkungen eine doppelseitige Erweiterung des Helligkeitsbereiches bei nur einseitiger Erweiterung des objektiven Intensitätsbereiches — ähnlich wie eine solche bereits im Gebiete der Sukzessivanpassung festgestellt wurde. Daß die Erfahrung dieses schon theoretisch ableitbare Verhalten bestätigt, gehört mit zu den stärksten Stützen der Heringschen Anschauungen über den Stoffwechsel der Sehsubstanz, unterscheidet sie aber auch am schärfsten von der üblichen Ermüdungstheorie.

Ein konsequentes Durchdenken der die Wechselwirkung der Sehfeldstellen beherrschenden Grundsätze mußte aber Hering noch zu einer weiteren Folgerung führen. Wenn jede Über- oder Unterwertigkeit einer Sehfeldstelle die Umgebung gegensinnig anregt, so muß sich dieser Vorgang auch auf benachbarte gleichaussehende Stellen, ja auf Stellen erstrecken, denen genau dieselben Prozesse entsprechen, sofern sie sich nur nicht gerade im Zustand des Ruhestoffwechsels befinden; m. a. W. die Wechselwirkung kann nicht auf diejenigen Fälle beschränkt sein, die man im engeren Sinne als Erscheinungen des simultanen Kontrastes auffaßt. Jede Stelle eines über- oder untermittelgrauen Feldes muß jede andere Stelle desselben Feldes gegensinnig beeinflussen. Dies ist in der Tat der Fall. Eine große helle Fläche sieht nicht so hell aus wie ein kleiner Ausschnitt aus ihr und eine große dunkle nicht so dunkel wie ein kleiner Ausschnitt. Analoges gilt vom negativen Nachbild: erzeugt man ein solches von einer über das ganze Gesichtsfeld reichenden sehr hellen Fläche, so hat dieses nicht im entferntesten jenen Grad tiefer Dunkelheit, wie er dem Nachbild einer ebenso hellen kleinen Fläche zukommt. Die Wechselwirkung der Sehfeldstellen setzt also der Helligkeit, wie sie durch die Zunahme der Lichtstärke zu erreichen wäre, viel früher Grenzen, ähnlich wie das auch die sukzessive Adaptation tut. Hering hat sie daher als simultane Anpassung und mit Rücksicht darauf, daß sie einem allzu hohen Grad von Unterwertigkeit steuert, als simultanen Selbstschutz aufgefaßt und betont, daß sie ihre Hauptrolle dort spielt, wo man sie nicht in der auffälligen Form des Simultankontrastes sieht. Mancherlei für die Lehre von den Urteilstäuschungen unverständliche Tatsachen erhalten dadurch ihre Erklärung; so z. B. die Tatsache, daß die Intensitätsschwankungen eines großen Feldes (etwa bei flackerndem Licht) sehr undeutlich, ja unter Umständen gar nicht sichtbar werden können, während man ihre Kontrastwirkungen auf ein eingeschlossenes Feld von konstanter Lichtstärke sehr deutlich wahrnimmt und also das objektive Flackern s. z. s. erst am subjektiven erkennt.

Man hat also zwei ähnlich wirkende Anpassungsvorrichtungen zu unterscheiden, von denen die eine (simultane) auf jede Reizänderung sofort reagiert, während die andere (sukzessive) eine gewisse Zeit braucht, um sich voll zu entwickeln.

Erst nach Erörterung dieser beiden Anpassungsvorrichtungen ist es möglich, die Frage der Beziehung von Helligkeit und Stärke der Gesamtbeleuchtung endgültig zu verhandeln. Die zu Anfang (S. 15 f) mitgeteilten Erwägungen haben geflissentlich von diesen beiden Vorrichtungen abgesehen, aber schon unter diesem Vorbehalt zu dem Ergebnis geführt, daß die Helligkeit nicht mit der Lichtstärke ins Grenzenlose wächst, sondern einem endlichen Ziel zustrebt — wie sich das ja an dem asymptotischen Verlauf der Kurve zeigt, durch die man diese Abhängigkeit darstellen kann. Wie zu erwarten, liefert aber selbst diese Kurve nur einen, tatsächlich gar nicht realisierten, Grenzfall; die Simultananpassung zieht vielmehr die tatsächlichen Grenzen viel enger und die Sukzessivanpassung macht, daß dieses so eingegrenzte Gebiet bald ein höheres, bald ein niedrigeres Helligkeitsgebiet ist.

Sieht man von der Sukzessivanpassung zunächst ab, indem man den Zustand des vollständig ausgeruhten Auges zugrunde legt, so lassen sich aus den früher angegebenen, sehr einfachen Voraussetzungen auf dem Wege ebenso einfacher mathematischer Deduktion (auf die hier allerdings nicht näher eingegangen werden kann) die wesentlichsten, hier bestehenden Erfahrungen theoretisch ableiten. Die Resultate mögen im Folgenden kurz angedeutet werden.

Die Helligkeit einer Sehfeldstelle wird nicht nur durch den auf sie wirkenden Reiz, sondern auch durch die Verteilung der

Lichtstärken auf der ganzen übrigen Netzhaut bestimmt. Das erste dieser beiden Momente würde für sich allein schon einen asymptotischen Verlauf der Helligkeitskurve ergeben, und zwar ein Stück einer gleichseitigen Hyperbel. Die induzierenden Wirkungen der übrigen Netzhaut lassen sich rechnerisch in einen einzigen Koeffizienten zusammenfassen, der den Parameter der Hyperbel ändert, also macht, daß bei verschiedenen Lichtverteilungen auf der übrigen Netzhaut verschiedene Hyperbeln die Abhängigkeit der Helligkeit von der Lichtstärke darstellen. Es gibt also für die mittelwertige Netzhaut (von der allein jetzt die Rede ist) eine Schar von solchen Kurven. Für einen besonderen Wert dieses Koeffizienten wird aus der Kurve eine Gerade, d. h. für diesen Wert ändert sich die Helligkeit der fraglichen Sehfeldstelle nicht, wie immer sich die der Gesamtbeleuchtung ändern mag (man denke an die oben besprochene Folgerung aus den Hess-Pretorischen Versuchen). Alle übrigen Kurven dieser Schar verlaufen teils ober- teils unterhalb dieser „Linie der unveränderlichen Helligkeit"; d. h. je nach den Verteilungen der Lichtstärken auf die übrige Netzhaut, also je nach dem Remissionsvermögen aller übrigen im Gesichtsfeld befindlichen Gegenstände, kann die Erhöhung der Gesamtbeleuchtung erhellend oder verdunkelnd auf die in Rede stehende Sehfeldstelle wirken, immer aber nur so, daß sowohl Erhellung als Verdunkelung einer gewissen Grenze zustreben, also „limitiert" sind. Die Linie unveränderlicher Helligkeit, um welche sich alle diese Kurven symmetrisch gruppieren, entspricht dem Eigenlicht der vollständig ausgeruhten Netzhaut. Daher müssen sich sämtliche Kurven in einem dieser Linie angehörigen Punkt schneiden, der zugleich der gemeinsame Nullpunkt ist, da er ja der Gesamtbeleuchtung Null entspricht. Die beiden Kurven, die diese Schar oben und unten begrenzen, sind nur theoretisch möglich, bilden also sozusagen je einen terminus extrinsecus. Die obere würde dem Falle entsprechen, daß es gar keine Induktionswirkung gibt, die untere dem Falle, daß der D-Reiz für sich gar keinen Zuwachs an Dissimilation erzeugt. Beide Fälle kommen nicht vor, sie sind nur theoretische Grenzfälle.

Mancherlei besondere Betrachtungen hat Hering an das Bild dieser Kurvenschar angeknüpft; so z. B. die über die „Isophanen", d. h. über abszissen-parallele Gerade, die mit einer

Teilschar jener Kurven Schnittpunkte gleicher Helligkeit ergeben u. a. m.

Die gesamte Kurvenschar aber ändert sich, wenn man einen anderen als den Zustand der Mittelwertigkeit für die Sehsubstanz annimmt, wenn man sie sich also in den Zustand einer bestimmten Hell- oder Dunkeladaptation versetzt denkt. Hier liegt dann die „Linie unveränderlicher Helligkeit" tiefer oder höher als früher und die Kurven gruppieren sich nicht mehr symmetrisch um sie. Es ist ja verständlich, daß bei unterwertiger Sehsubstanz schon dem Reize Null eine geringere Helligkeit entspricht als bei Mittelwertigkeit; ebenso aber auch, daß das Wachsen der Gesamtbeleuchtungsstärke dort, wo es induktiv verdunkelnd wirkt, dies viel langsamer und in einem enger begrenzten Ausmaß tun wird, da ja das Dunkelintervall, das überhaupt noch zur Verfügung steht, kleiner ist als im Ruhestoffwechsel.

Aus der Tatsache, daß die Beziehung zwischen Lichtstärke und Helligkeit an einer bestimmten Sehfeldstelle sowohl vom Zustand der sukzessiven Anpassung wie auch von dem der simultanen, also vom gleichzeitigen Zustand aller übrigen Sehfeldstellen abhängt, ergeben sich Folgerungen von größter Wichtigkeit. Vor allem liegt es schon in diesem Satze selbst eingeschlossen, daß man weder von der einen noch von der andern und natürlich schon gar nicht von beiden Anpassungsvorrichtungen absehen und etwa ganz allgemein fragen darf: wie ändert sich die Helligkeit mit der Lichtstärke? Sie ändert sich eben in ganz verschiedener Weise je nach der Sukzessivanpassung, durch die die Kurvenschar, und der Simultananpassung, durch die die einzelne Kurve innerhalb einer gewissen Schar bestimmt wird. Erst wenn diesen beiden einschränkenden Bedingungen Rechnung getragen ist, kann man für diesen speziellen Fall die obige Frage beantworten. Dabei ist nicht zu übersehen, daß die beiden Empfindungen, um deren Helligkeitsunterschied gefragt wird, zwar im allgemeinen derselben Kurvenschar angehören, da der Zustand der Sukzessivanpassung an die Allgemeinbeleuchtung für das ganze Sehfeld der gleiche ist, nicht aber notwendig derselben Kurve innerhalb dieser Schar angehören müssen. Immerhin ist die Zugehörigkeit zur selben Kurve ein praktisch besonders wichtiger Fall, weil er vor allem für das deutliche Sehen in Betracht kommt. Letzteres hängt ja von den Helligkeitsunterschieden aneinandergrenzender Sehfeldstellen (in erster Linie der zentral gelegenen) ab und für solche Stellen kann man eben wegen ihrer örtlichen Nähe annehmen, daß auch ihr simultaner Anpassungszustand ungefähr derselbe ist, woraus sich ja die Zugehörigkeit zu einer und derselben Kurve ergibt. Hering hat diesen Fall besonders eingehend diskutiert und es ist von Interesse, zu sehen, ob die theoretisch abgeleiteten Kurven diejenigen Erfahrungen bestätigen, die über die Abhängigkeit des Deutlichsehens von der Stärke der Allgemeinbeleuchtung vorliegen. Man muß das Wachsen oder Abnehmen der Helligkeitsunterschiede (das ja über die Deutlichkeit des Sehens entscheidet) an der Kurve ablesen können, die dem jeweils bestehenden Sukzessiv- und Simultananpassungszustand entspricht. Nur läßt sich dieses unmittelbare Ablesen erleichtern, wenn man die Einheit für die Abszissen anders wählt als es in den ursprünglichen Kurven geschehen ist und so aus den letzteren neue ableitet. Bei den ursprünglichen Kurven entsprachen die Abszissen den Lichtstärken, also gleichen Abszissenunterschieden gleiche Differenzen der Lichtstärke. Bei wechselnder Stärke der Allgemeinbeleuchtung ändern sich natürlich auch die Differenzen der Lichtstärken aller, und somit auch der aneinandergrenzenden einzelnen Felder, während ihre Quotienten konstant bleiben. Für die Frage, wie sich das Deutlichsehen mit der Allgemeinbeleuchtung ändert, ist es also zweckmäßiger, die Kurven so einzurichten, daß gleichen Abszissenunterschieden gleiche relative Zunahmen der Lichtstärke entsprechen, daß also die Skalenteile nicht mit 1, 2, 3, 4 . . ., sondern mit 1, 2, 4, 8 . . . bezeichnet werden. Das hat neben dem erwähnten auch noch den anderen Vorteil, daß man es den Kurven unmittelbar ansehen kann, in welchen Gebieten etwa das Fechnersche Gesetz annähernd gilt, da sich diese Gebiete durch einen annähernd geradlinigen Verlauf der Kurve verraten müssen.

Tatsächlich lassen nun die so abgeleiteten Kurven alle die wesentlichen Gesetzmäßigkeiten unmittelbar erkennen, die die Bedingungen des deutlichen Sehens erfahrungsmäßig beherrschen. Ihre Erörterung wird erleichtert, wenn man ein „stabiles Gesichtsfeld“ zugrunde legt, d. h. eines von unveränderlichen äußeren Objekten, die mit ebenso unveränderlicher Lage des Blickes betrachtet werden und daher nur proportional veränderliche Reize für die einzelnen Netzhautstellen abgeben. Man denke sich außerdem das Sehorgan zunächst gänzlich ausgeruht, also im Zustand des Ruhestoffwechsels befindlich. Wird das Gesichtsfeld beleuchtet, so gilt für jede Sehfeldstelle eine bestimmte Kurve, die die Abhängigkeit der Helligkeit von der Lichtstärke für diese Stelle angibt. Sämtliche Kurven gehören (wegen des konstanten, hier mittelwertigen Zustandes der Sukzessivanpassung) einer und derselben Schar an. Die einzelnen Kurven liegen, wie schon früher erwähnt, teils ober-, teils unterhalb der „Linie unveränderlicher Helligkeit". Daß der Parameter der einzelnen Kurve (und damit diese selbst) im allgemeinen für jede Sehfeldstelle ein anderer ist, rührt davon her, daß die an jeder Stelle vorhandene Induktion von der Lichtstärke an dieser Stelle und von den Lichtstärken an allen anderen Stellen, kurz von der Gesamtverteilung der Lichtstärken abhängt, also in letzter Linie von den Lichtremissionen aller Gegenstände des stabilen Gesichtsfeldes — wodurch natürlich nicht ausgeschlossen ist, daß es mehrere Stellen des Sehfeldes geben kann, für die der gleiche Parameter gilt, und daher auch mehrere Stellen, die bei wachsender Lichtstärke weder heller noch dunkler werden, für die also die Kurve in die gerade Linie unveränderlicher Helligkeit übergeht. Mit Ausnahme dieses besonderen Falles zeigen nun alle Kurven insofern ein ähnliches Verhalten, als sie anfänglich sehr langsam ansteigen (natürlich positiv oder negativ ansteigen, je nachdem sie ober- oder unterhalb jener ausgezeichneten Geraden liegen), dann rascher und zuletzt, wenn sie sich ihrer Asymptote nähern, abermals langsamer, so daß sie also Wendepunkte haben. Das sagt, daß, wenn die gesamte Lichtstärke um gleiche relative Beträge wächst, die Helligkeit eines bestimmten Feldes zuerst langsam, dann rascher, zuletzt wieder langsam zunimmt (bzw. für die unterhalb der Linie unveränderlicher Helligkeit liegenden Kurven abnimmt). Da nun die Gegend rascher Helligkeitszunahme (-abnahme) natürlich zugleich diejenige ist, in welcher ein geringer Unterschied der Lichtstärke benachbarter Stellen den größtmöglichen Helligkeitsunterschied erzeugt, so liegt bei dieser Stärke der Allgemeinbeleuchtung das Optimum des deutlichen Sehens; und zwar liegt es für alle Kurven und damit für alle Sehfeldstellen in derselben Gegend. Man sieht also bei dieser Lichtstärke „besser", weil sich bei ihr an allen Sehfeldstellen teils das Anwachsen, teils die Abnahme der Helligkeit (also das Anwachsen der Dunkelheit) am raschesten vollzieht — den Spezialfall unveränderter Helligkeit ausgenommen. Kaum ein Satz ist für Herings Auffassung so bezeichnend wie dieser und kaum einer steht in schrofferem Gegensatz zu den bisherigen Anschauungen, die nur eine Zunahme der Helligkeit mit zunehmender Lichtstärke kannten und den Gedanken, daß man „besser sehen" könne, weil die Gegenstände dunkler werden, sicher als paradox zurückgewiesen hätten.

Aus der Schar dieser Kurven entsprechen die mit flacherem Verlauf denjenigen Sehfeldstellen, die ihre Helligkeit überhaupt nur wenig verändern (Grenzfall: die Linie unveränderlicher Helligkeit), die mit steilerem Anstieg denjenigen Stellen, die im großen Ausmaß heller oder dunkler werden bei Zunahme der allgemeinen Lichtstärke. Dieser steilere Anstieg, der in der Umgebung des Wendepunktes liegt, vollzieht sich in einem Kurvenstück, das einer Geraden sehr nahekommt: es gilt also in diesem Teile des Verlaufes das Fechnersche Gesetz mit großer Annäherung, aber, wie man sieht, aus anderen Gründen als Fechner vermutete.

Würde nun der Zustand der Sukzessivanpassung (also das, was man gewöhnlich im engeren Sinne „Adaptation" nennt) ein anderer sein als der in der vorigen Erörterung vorausgesetzte Zustand der Mittelwertigkeit (oder vollkommenen Dunkeladaptation), so würde eine andere Kurvenschar gelten, für die die Linie unveränderlicher Helligkeit tiefer läge als zuvor. Das Gebiet der Kurven oberhalb dieser Linie würde höher hinaufreichen als das andere Gebiet unter diese Linie hinabreicht, m. a. W.: viele Sehfeldstellen, die im Falle des mittelwertigen Organs mit wachsender Beleuchtung dunkler geworden sind, gehören bei Helladaptation (unterwertigem Organ) bereits in dasjenige Gebiet, das mit wachsender Beleuchtung heller wird — was ja für das Gebiet zwischen der alten und der neuen „Linie unveränderlicher Helligkeit" selbstverständlich ist. Aber noch andere Konsequenzen lassen sich aus der Vergleichung der beiden Kurvenscharen ableiten. Die oberhalb jener ausgezeichneten Geraden liegenden Kurven steigen im Falle der Unterwertigkeit (Helladaptation) bedeutend steiler an. Für eine und dieselbe Sehfeldstelle steigt also bei helladaptiertem Organ die Kurve steiler an als die homologe des dunkeladaptierten. Da der steilere Anstieg größere Helligkeitsunterschiede und damit „besseres" Sehen bedeutet, so ist erstens klar, daß Unterschiede in höheren Gebieten der Lichtstärke immer deutlicher sichtbar werden, je vollkommener sich die Helladaptation entwickelt hat, ja daß sie unter Umständen überhaupt erst bei voll entwickelter Helladaptation sichtbar werden — wir sind zunächst „geblendet" und fangen erst zu „sehen" an, wenn wir uns an die stärkere Beleuchtung „gewöhnt" haben.

Zweitens aber steigt das steilste Stück einer Kurve aus der zweiten Schar noch steiler an als das steilste Stück der homologen Kurve aus der ersten Schar. Das heißt, in die Sprache der Tatsachen übersetzt: für jeden (sukzessiven) Anpassungszustand gibt es eine dem deutlichen Sehen günstigste Beleuchtungsstärke; aber es gibt auch unter den (sukzessiven) Anpassungszuständen selbst einen, in welchem die günstigste Beleuchtungsstärke das deutliche Sehen mehr fördert, als dies bei jedem anderen Anpassungszustand und der für ihn günstigsten Beleuchtungsstärke der Fall ist. Hering hat daher zwischen einem relativen und einem absoluten Optimum der Beleuchtungsstärke unterschieden. Daß das letztere mit unbegrenzt wachsender Lichtstärke nicht mitwächst, sondern überschritten wird, rührt nur daher, daß die Sukzessivanpassung ebenfalls ihre Grenzen hat. Alle diese Folgerungen stehen auch mit den Tatsachen des täglichen Lebens in Einklang. Wir nähern ein Objekt der stabilen Lichtquelle, wenn wir feinere Einzelheiten noch deutlich sehen wollen, erreichen aber die feinste Unterscheidbarkeit doch erst dann, wenn wir die Lichtquelle durch eine bessere ersetzen; bei günstigster Stellung des Objektes zur Lichtquelle wird also im letzteren Falle ein noch höherer Grad von Deutlichkeit erreicht, als ihn die günstigste Stellung im ersteren Falle zu erzielen vermochte.

Faßt man die Anpassungsvorgänge, wie sie sich aus Herings Anschauungen ergeben, unter dem Gesichtspunkt des wesentlichsten Zweckes, dem das Auge dient, dem des Deutlichsehens, zusammen, so läßt sich vor allem sagen, daß die doppelseitige Erweiterung des Helligkeitsbereiches viel größere Helligkeitsdifferenzen schafft und daher dem Deutlichsehen ungleich günstiger ist, als dies bei bloß einseitiger Erweiterung der Fall wäre. An dieser Leistung beteiligt sich sowohl die Sukzessiv- als auch die Simultananpassung. Die letztere für sich macht, daß auch bei konstantem Zustand der Sukzessivanpassung der Bereich zwischen dem hellsten und dunkelsten Objekt weiter und daher die Helligkeitsunterschiede aller gleichzeitigen Objekte größer sind als dies bei mangelnder Simultananpassung der Fall wäre.

Die Simultananpassung in der speziellen Form des simultanen Helligkeitskontrastes fördert aber das deutliche Sehen noch in einer anderen Weise, oder besser gesagt: sie macht das Deutlichsehen unter allen Umständen, selbst unter den der günstigsten Beleuchtung, überhaupt erst möglich. Die Brechungen, die die Lichtstrahlen im Auge erfahren, sind wegen der Inhomogeneität der optischen Medien niemals so regelmäßig, wie es die schematischen Darstellungen der geometrischen Dioptrik annehmen, die ja notwendig homogene Medien zugrunde legen. Das abirrende, sog. „falsche“ Licht bewirkt, daß, auch wenn die nötigen Bedingungen der Refraktion und Akkommodation erfüllt sind, niemals eine dioptrisch scharfe Grenzlinie zwischen einer hellen und dunklen Fläche entstehen kann; die helle Fläche kann nicht mit einem scharfen Rande enden, sondern muß durch ein Intensitätsgefälle in die dunkle übergehen. Nun ist die wechselseitige Beeinflussung der Sehfeldstellen abhängig von ihrer örtlichen Entfernung, der Simultankontrast daher am stärksten in unmittelbarer Nachbarschaft der Grenzlinie und wird schwächer mit zunehmender Entfernung von dieser; er hat somit ein Gefälle, das dem früher erwähnten entgegengesetzt ist, kann daher bei quantitativ geeignetem Gang dieses letztere vollkommen kompensieren, sonst aber unter- oder überkompensieren. Daher ist dieser sog. Grenzkontrast, aber auch nur er, imstande, trotz des falschen Lichtes scharfe Konturen zu erzeugen und macht so das Scharfsehen überhaupt erst möglich. Er tut dies im Falle vollständiger, aber natürlich auch im Falle der Überkompensation, da der Überschuß im letzteren Falle sich nur in einer sichtbaren Verdunkelung bzw. Erhellung der Grenzbezirke äußern, aber die Grenze selbst nicht wiederum unscharf machen kann. Wird hingegen die Kompensation nicht erreicht — was immer geschehen muß, wenn die Allgemeinbeleuchtung zu gering ist — so bleibt die Grenze unscharf. Hierin liegt auch die Lösung eines Problems, das vor Hering merkwürdigerweise gar nicht aufgeworfen worden ist, obzwar die Irradiationserscheinungen dies nahegelegt hätten. Warum sieht man die objektiv scharfe Grenzlinie zwischen einer hellen und dunklen Fläche bei schwacher Beleuchtung unscharf, obwohl die Akkommodation richtig ist und man noch sehr deutlich erkennt, daß das eine Feld hell, das andere dunkel ist? Warum kann man, kurz gesagt, bei einem gewissen Grad der Dämmerung nicht lesen, obwohl man das Buch in die richtige Entfernung hält und noch sehr deutlich erkennt, daß das Blatt bedruckt ist?

Die Anpassungsvorrichtungen sind aber noch einem anderen, sehr wichtigen Zweck dienstbar. Das Gesamtbereich der Helligkeiten verschiebt sich nämlich ganz beträchtlich weniger als dies den enormen Stärkeunterschieden, wie sie bereits im Verlaufe eines Tages vorkommen, entsprechen würde. Damit wird eine verhältnismäßige Helligkeitskonstanz erzielt: wir sind relativ unabhängig gemacht von dem ungeheuren Wechsel in der Stärke der Lichtquelle, u. zw. nach Richtung der Helligkeit und der Dunkelheit. Dadurch ist das Wiedererkennen der Objekte an ihrer Farbe wesentlich gefördert, ja es ist dadurch erst ermöglicht, daß wir jedem Gegenstande eine Eigenfarbe, also etwas für ihn Charakteristisches zuschreiben, die Kohle ein für alle Male schwarz und den Schnee weiß nennen, während wir dies sonst nur unter Voraussetzung einer definierten Lichtquelle tun könnten. Es ist von Hering mit Recht hervorgehoben worden, daß die „Ermüdung" hier nur die Hälfte der Erscheinungen erklärt. Die Farbenbeständigkeit ist, wie aus den früheren Erörterungen hervorgeht, keine absolute — die helleren Objekte werden ja heller, die dunklen dunkler bei wachsender Lichtstärke; aber — worauf es ankommt — das Gesamtgebiet ändert sich nur in engen Grenzen und innerhalb dieser bleiben die übermittelhellen Objekte übermittelhell, die untermittelhellen untermittelhell, während sich das Gebiet in der Umgebung der „Linie unveränderlicher Helligkeit" fast gar nicht ändert.

Hering hat die ausführlichen Erörterungen über Anpassung zunächst nur auf die tonfreien, also der Graureihe angehörigen Empfindungen angewendet; in seinen älteren Arbeiten findet man aber genügend Hinweise darauf, wie er sie sich „ins Farbige übersetzt" denkt. Es ist nicht schwer, sich auch die Farbenbeständigkeit im engeren Sinne analog zu erklären. Man wird dann z. B.

finden, daß die Armut einer Lichtquelle an blauen Strahlen die sonst „blauen" Objekte durchaus nicht in dem Maße verfärbt, als dies zufolge der physikalischen Verhältnisse zu erwarten wäre. Die Änderung des farbigen Adaptationszustandes würde bewirken, daß ein Gegenstand, der nur blaues Licht zu reflektieren vermag, sogar dann, wenn die Strahlen dieser Wellenlänge in der Lichtquelle gar nicht vertreten wären, bläulich erscheinen würde, wenn auch natürlich in weniger gesättigtem Blau als etwa bei Tageslicht. Es braucht kaum betont zu werden, welche Bedeutung dieses Verhalten für unsere Orientierung in der Außenwelt hat, soweit diese durch die Qualität des Sichtbaren bestimmt wird.

Was aber vor allem die Anschauungen Herings unter biologischem Gesichtspunkt so ansprechend macht, sind zwei Umstände. Erstens sind die Anpassungsvorgänge nicht als Einrichtungen zur Verfälschung der Wahrnehmung zu betrachten, wie dies nach ihrer einseitigen Auffassung als Kontrastphänomene der Fall sein würde. Da man von „Richtigkeit" der Wahrnehmung ohnehin nur reden kann, insofern sie unter gleichen Umständen konstant ist und nicht insofern Ähnlichkeit zwischen den äußeren Vorgängen und den Empfindungen besteht, so kann man zwar nicht sagen, daß die Wahrnehmungen eindeutige Zeichen der Außendinge sind (die letzteren sind ja auch von der Beschaffenheit der Lichtquellen bedingt, von der wir gerade relativ unabhängig sind); wohl aber können wir sie als sehr brauchbare Zeichen der biologisch wichtigen Änderungen auffassen — und biologisch wichtig ist es in viel höherem Grade, an der Farbe zu erkennen, ob ein Gegenstand, den man am Mittag sieht, derselbe ist wie der, den man am Morgen oder bei künstlichem Lichte gesehen hat, als über den Wechsel der Lichtquelle selbst richtig orientiert zu sein. Die Änderungen in dem biologisch Wichtigeren werden also zuverlässiger abgebildet als die im biologisch Nebensächlichen; da die Farbenkonstanz aber keine absolute ist, so wird auch den letzteren Änderungen in geringerem Ausmaße — entsprechend ihrer geringeren Wichtigkeit — Rechnung getragen. Der zweite Umstand aber besteht darin, daß die Anpassungsvorrichtungen dem Selbstschutz der Sehsubstanz dienen. Es entspricht dem Grundsatz der Erhaltung des Zweckmäßigen ohne Zweifel am besten, wenn diejenigen Einrichtungen, die ein Organ vor Zerstörung bewahren, es zugleich vollkommener funktionsfähig machen; man müßte es mindestens für seltsam halten, wenn der Selbstschutz des Sehorgans von einer Einrichtung besorgt würde, die sich während seiner wichtigsten Funktion nur dadurch geltend machte, daß sie uns störende Nachbilder verschafft und uns über die Farben der Gegenstände desorientiert.

Daß unsere Farbenempfindungen wie auch die Empfindungen anderer Sinne den Dingen und Vorgängen der äußeren Welt nicht gleichen, kann als allgemein anerkannt betrachtet werden; sie sind — wie Helmholtz dies treffend ausgedrückt hat — Zeichen, nicht Abbilder des äußeren Geschehens. Besten Falles, muß man hinzusetzen, sind sie ersteres. Denn wenn man die wechselseitig eindeutige Zuordnung als notwendige Bedingung eines Zeichensystems ansieht (was man wohl tun muß), so können, wie sich ergeben hat, unsere Farbenempfindungen sehr häufig nicht als Zeichen der Lichtvorgänge angesehen werden. Daß den Verschiedenheiten der letzteren durchaus nicht immer solche in unseren Empfindungen entsprechen, lehren z. B. schon die Erscheinungen der Adaptation, ebenso aber auch die Tatsache, daß Lichtgemische von der verschiedensten physikalischen Beschaffenheit gleich aussehen können. Eine relativ größere Annäherung an die Eindeutigkeit zeigt allerdings der umgekehrte Fall: Gleichheit der äußeren Vorgänge ist in der Tat viel häufiger mit Gleichheit der Empfindungen verbunden und läßt sich daher aus letzterer erschließen. Allein von einem strengen Entsprechen ist selbst bei dieser einseitigen Zuordnung nicht die Rede — und auch dafür bieten die Adaptationsvorgänge lehrreiche Beispiele. Man wird nicht fehlgehen, wenn man die Mangelhaftigkeit dieser Zuordnung, wie sie nach beiden Richtungen besteht, unter dem biologischen Gesichtspunkt betrachtet, daß sie nicht vom Anfang an der Erkenntnis der Außenwelt, sondern der praktischen Orientierung in ihr, also unseren zweckmäßigen Reaktionen auf äußere Vorgänge zu dienen hat und daß daher die Zuordnung in dem Maße differenziert ist, als dies die Zweckmäßigkeit unserer Reaktionen verlangt. Für letztere ist es aber viel wichtiger, daß wir bei konstanten äußeren Vorgängen dieselben Empfindungen haben und uns daher an bestimmte Reaktionen gewöhnen können, als daß uns jeder Unterschied durch eine Verschiedenheit der Empfindung kund werde. Von den Unterschieden aber sind diejenigen die praktisch wichtigsten, die die Verschiedenheit der Dinge charakterisieren,

d. h. auf eine möglichst große Verschiedenheit aller andern, nicht bloß der optischen Eigenschaften hinweisen. Es ist daher zweckmäßig, wenn sich Verschiedenheiten, die solche Hinweise nicht enthalten, wie z. B. die mit der wechselnden Beleuchtung einhergehenden Unterschiede des reflektierten Lichtes, in der Empfindung möglichst wenig oder gar nicht geltend machen. Unter diesem biologischen Gesichtspunkt muß also die Lehre, daß unsere Empfindungen ein Zeichensystem darstellen, sehr wesentlich eingeschränkt werden.

Bei aller Wichtigkeit, die den Körperfarben für unsere Orientierung in der Außenwelt zukommt, besteht doch kein Zweifel, daß sie von der Bedeutung der räumlichen Eigenschaften weit übertroffen wird. Größe, Gestalt, Lage bestimmen unsere motorischen Reaktionen in erheblich höherem Maße als die Farben; es wird daher für die Zweckmäßigkeit unserer Reaktionen von weitaus größerer Wichtigkeit sein, daß bei Konstanz der wirklichen räumlichen Eigenschaften auch ihr Bewußtseinskorrelat möglichst konstant bleibt; daß Ähnlichkeit bestehe oder gar, daß wir die räumlichen Eigenschaften so erfassen, wie sie den wirklichen Dingen zukommen, ist hierfür gänzlich gleichgültig. Aber auch den Unterschieden in den Raumeigenschaften der wirklichen Dinge brauchen Unterschiede im Bewußtsein nur soweit zu entsprechen, als dies unseren normalen motorischen Reaktionen dienlich ist; und auch hier heißt das „Entsprechen" nicht soviel wie „Ähnlichsein". Um einen richtigen Griff oder einen korrekten Sprung auszuführen, dazu gehört keine adäquate oder „richtige", d. h. den wirklichen Abmessungen gleichende Vorstellung der räumlichen Eigenschaften der Dinge und ihrer Entfernungen. Notwendig ist nur, daß, wann immer Größe, Gestalt und Lage der unseren Eingriff bestimmenden Objekte dieselben sind, sie sich auch in derselben Weise uns kundgeben, und daß sich auch Verschiedenheiten insoweit kundgeben, als dies für unser motorisches Verhalten von Bedeutung ist. Es ist zweckmäßig, daß die eindeutige Zuordnung in dem Bereiche besteht, wo rasch ablaufende motorische Reaktionen erforderlich sind; wo letztere ihrer Natur nach längere Zeit erfordern, ist es nicht störend, wenn wir die mangelhafte Eindeutigkeit durch ein Meßverfahren korrigieren müssen,

Diese Überlegung kann als biologische Vorbemerkung zu den grundlegenden Untersuchungen Herings über den Raumsinn des Auges gelten, deren prinzipielle Seite nunmehr charakterisiert werden soll. Der Eingriff, den Hering mit energischer Hand in den damals herrschenden Zustand dieses Gebietes vollführt hat, war darum vielleicht noch tiefergehend als beim Lichtsinn, weil es sich nicht bloß um die Aufdeckung neuer Tatsachen und Gesetzmäßigkeiten handelte, sondern vielfach um die Beseitigung verkehrter Fragestellungen, um den Ersatz von Pseudoproblemen durch echte. Daß Hering hier die Forschung aus einem toten Geleise auf die fruchtbareren Gedankenbahnen Joh. Müllers zurückgelenkt hat, ist unverkennbar; die scharfe Trennung der Wege zu verwischen, dient weder der sachlichen noch der historischen Klärung.

Daß Hering die Lehre vom Raumsinn des Auges auf durchaus andere Grundlagen gestellt hat als die bisherigen, daß er auch hier strenge an der Auffassung Joh. Müllers festhielt, wonach die Leistung des Reizes nur darin besteht, die Sinnessubstanz zur Entwicklung ihres Eigenlebens anzuregen, wird aus einer einfachen Überlegung klar.

Die Sehsubstanz reagiert vermöge einer angeborenen Energie auf Reize nicht nur mit Farben, sondern auch mit Raumdaten. Ebenso wie sie auf Licht verschiedener Wellenlänge im allgemeinen mit Farben verschiedener Qualität reagiert, antwortet sie mit verschiedenen Raumdaten je nach den Stellen, an denen der Reiz die Endausbreitung des Sehnerven trifft. Mit welchen Raumdaten sie reagiert, insbesondere wie sie auf zwei je einer Netzhaut angehörende Reize reagiert, ist damit noch nicht gesagt; nur so viel ist sicher, daß es im letzteren Falle für die Reaktion gleichgültig sein muß, ob die Reizung des Doppelorgans von einem einzigen oder von zwei verschiedenen, Licht aussendenden Objekten her erfolgt. Daß die Sehsubstanz Raumdaten produziert, ist eine ebenso letzte Tatsache, wie daß das Gehörorgan Klang- und Geräuschempfindungen produziert; sie folgt aber nicht etwa daraus, daß die Differenzierung der Netzhautreize selbst eine räumliche ist; von vornherein wäre es ebensogut denkbar und müßte als letzte Tatsache ebenso hingenommen werden, wenn nicht die räumlichen, sondern andere Eigenschaften der Reize die Sehsubstanz zu räumlichen Reaktionen anregten. Es läßt sich daher weder aus der räumlichen Anordnung der Außenpunkte noch aus der der Reizorte auf der Netzhaut entnehmen, mit welchen Raumdaten die Sehsubstanz reagieren, kurz wie unser räumliches Sehen beschaffen sein wird; ja von vornherein läßt sich nicht einmal sagen, ob sie unter gleichen Reizbedingungen immer gleich, unter verschiedenen immer verschieden reagieren wird — es ist vielmehr von vornherein wahrscheinlicher, daß auch die Disposition oder Stimmung der Sehsubstanz die Art der Reaktion beeinflußt. Sehen wir aber von diesem letzteren Moment zunächst ab, so ist doch sicher, daß der Komplex sämtlicher Reizorte, also das (einfache oder doppelte) Netzhautbild, zwar das Anschauungsbild bestimmt, aber keineswegs im Sinne der Ähnlichkeit bestimmen muß. Daß hier der Ausdruck „Bild" in verschiedenem Sinne gebraucht wird, ist durchaus festzuhalten; ebenso aber auch, daß aus der Beschaffenheit des Netzhautbildes nicht ohne weiteres auf die des Anschauungsbildes geschlossen werden darf. Es könnte von vornherein Kongruenz, geometrische Ähnlichkeit, aber auch jede beliebige Abweichung von ihr bestehen, und keines dieser Verhältnisse würde ein Beweis für oder gegen die Annahme sein, daß die Sehsubstanz auf Reize ebenso unmittelbar mit räumlichen Empfindungsdaten reagiert wie sie es mit den qualitativen Empfindungsdaten, den Farben, tut. Natürlich gibt auch die Umkehrung des Oben und Unten, die das Netzhautbild gegenüber der Anschauung zeigt, zu keinem Problem und daher auch zu keinen Hilfshypothesen Anlaß: die Frage des „Aufrechtsehens" war ein Pseudoproblem. Ebensowenig liegt aber auch in den sonstigen „Inkongruenzen" zwischen dem Netzhautbild und der räumlichen Anschauung irgendein Grund, an der Ursprünglichkeit der letzteren und damit an ihrem Charakter als Empfindungsbestandteil zu zweifeln — wie dies Helmholtz getan hatte; die Tatsache z. B., daß gleichen Distanzen auf verschiedenen Teilen der Netzhaut nicht gleiche Distanzen im Anschauungsbild zu entsprechen brauchen, gibt keine Veranlassung daran zu zweifeln, daß die Raumdaten der Empfindung vom Reiz ebenso unmittelbar produziert werden, wie man dies von den Farben sagen kann. Nur die Konstanz der Raumdaten im jeweiligen Sehfeld bei Konstanz der Reize muß allerdings statthaben, aber natürlich auch nur unter der Voraussetzung, daß wir Grund haben, auch die Disposition (oder Stimmung) der Sehsubstanz als unverändert anzusehen. Insoweit aber diese letztere Bedingung zutrifft — und sie trifft, wie wir sehen werden, in weitem Umfange zu — muß das Sehorgan auf gleiche Netzhautreize auch immer mit denselben Raumdaten reagieren, und es muß daher ganz gleichgültig sein, durch welche äußeren Objekte diese Netzhautreize ausgeübt werden, gleichgültig also, ob die äußeren Objekte in zwei Fällen dieselbe oder verschiedene Lagen im Außenraum haben. In diesem Sinne kann man von spezifischen Raumenergien der Netzhautstellen selbst reden. Der Ausdruck ist nicht ganz einwandfrei, weil man strenggenommen nur von spezifischen Energien der Sehsubstanz sprechen sollte; insoweit man aber die Disposition der Sehsubstanz als konstant ansehen darf, muß sie auch auf gleiche Reize in gleicher Weise reagieren und man kann daher ihre Reaktionen als den Netzhautstellen selbst spezifisch zugehörend betrachten. Welcher Art diese Reaktionen sind, darüber kann natürlich nur die Erfahrung entscheiden.

Diese Überlegungen, die die Grundlagen für Herings Anschauungen über die optische Lokalisation bilden, sind in Wahrheit nichts anderes als eine Anwendung des Gesetzes der spezifischen Sinnesenergien auf das besondere Gebiet: Raumsinn des Auges oder besser des Doppelauges. Die allgemeinen Grundlagen sind demnach genau dieselben wie beim Farbensinn und es liegt daher gar kein Anlaß vor, die räumlichen Reaktionen nicht ebenso mit dem Namen „Raumempfindungen" zu bezeichnen, wie man die qualitativen „Farbenempfindungen" nennt.

Es ist nunmehr selbstverständlich, daß der Ort eines Licht aussendenden Punktes der Außenwelt scharf geschieden werden muß von dem Ortsdatum, mit welchem die Sehsubstanz auf diesen Reiz reagiert, und daher der Inbegriff der Orte aller Licht aussendenden Punkte auch von dem Inbegriff aller Ortsdaten, mit denen die Sehsubstanz reagiert; eben dieses ist es, was Hering mit der scharfen Gegenüberstellung von „wirklichem Raum" und „Sehraum" gemeint hat und was ihn veranlaßte, den letzteren als ein Geschöpf der Sehsubstanz zu bezeichnen. Nicht scharf genug kann der Gegensatz zu der damals herrschenden Lehre betont werden, nach der wir unsere Gesichtsempfindungen in den Raum „hinausprojizieren", sie in den Schnittpunkt der Richtungslinien „verlegen", ihnen also erst Orte verschaffen müssen, um sie irgendwo zu sehen. Mit allem Nachdruck hat Hering betont, daß hier nichts zu „verlegen“ ist, sondern daß die Empfindungen ihren Ort haben ebensogut wie ihre Farbe. Daß von dieser psychischen Tätigkeit des „Hinausverlegens“ ursprünglich ortsloser Empfindungen noch niemand auch nur das Geringste bemerkt hat, dieser Einwand ist von den Vertretern der Projektionstheorie bekanntlich mit der Bemerkung erledigt worden, es handle sich hier um eine unbewußte psychische Tätigkeit. Was aber gewöhnlich übersehen wird, ist der Umstand, daß wir eine — wenn auch qualitätenfreie — Anschauung eines Raumes bereits besitzen müßten, um die Qualitäten in ihn hinauszuprojizieren, also seine einzelnen Orte mit Qualitäten zu besetzen. Es bliebe somit nur übrig, entweder die sinnlose Behauptung aufzustellen, daß wir sie in den wirklichen Raum verlegen, oder aber im Sinne Kants eine a priori gegebene leere Raumanschauung anzunehmen, deren einzelne Orte wir durch den Sehakt mit Qualitäten besetzen. Von allen sonstigen Einwänden abgesehen, würde das Wesen dieser Hypothese in einer Gratiszugabe bestehen, die durch keine Tatsache gefordert wird und daher auch keine erklärt. Denn wenn wir der Sehsubstanz die Fähigkeit zuschreiben müssen, je nach der Art der Reizung einen bestimmten Ort dieser a priori gegebenen leeren Anschauung zu besetzen, so ist nicht einzusehen, warum wir ihr nicht sogleich die Fähigkeit zuerkennen sollen, diesen Ort zu schaffen; der Umweg, den die erstere Annahme geht, erklärt die einzelne Lokalisation um nichts besser, enthält also eine gänzlich unnötige Zugabe. Man könnte diesem Einwand nur dadurch ausweichen, daß man die Entscheidung, welcher Punkt des apriorischen Sehraumes bei gegebenem Reiz besetzt wird, dem sensorischen Apparat (also auch der Netzhaut) überhaupt abspricht und sie gänzlich dem motorischen Apparate zuschreibt. In der Tat ist dieser Weg von allen sog. „Empiristen“ betreten worden. Man hätte sich demnach zu denken, daß wir ein äußerst fein differenziertes System von Empfindungen besitzen, die den einzelnen Stellungen und Stellungsänderungen der Augen entsprechen und die es uns daher ermöglichen, jede Empfindung an eine bestimmte Stelle des von vornherein gegebenen, unbesetzten Raumes zu „verlegen“; die Stelle wäre charakterisiert durch die Empfindung, die wir haben, wenn wir die Blicklinien auf den entsprechenden Lichtpunkt überführen — man mag sich unter diesen Empfindungen zentripetal entstandene Muskelempfindungen oder zentral entstandene Innervationsempfindungen („Impulsgefühle") denken, jedenfalls aber etwas seiner Natur nach Raumloses. Das Wesentliche des sog. Empirismus, in welchen Spielarten er auch auftreten möge, liegt immer darin, daß aus einem raumlosen Empfindungsmateriale auf irgendeinem Wege ein räumliches Endresultat gewonnen werden muß — denn daß unsere fertigen Gesichtswahrnehmungen durchwegs Raumdaten besitzen, kann niemand leugnen. Dieses Endresultat könnte aber nur auf zwei Wegen gewonnen werden. Entweder man nimmt an, daß eine völlige Neuproduktion von räumlichen Daten aus unräumlichen vorliege, daß also die unräumlichen Empfindungen sich verhalten, wie wenn sie selbst Reize wären, die etwas ganz Heterogenes produzieren können (Stumpf hat diese Ansicht sehr passend als „Theorie der psychischen Reize" bezeichnet); oder man nimmt eine a priori gegebene, leere, d. h. qualitätslose Raumanschauung an, in die jene raumlosen Empfindungen hineinversetzt werden müssen. Die erstere Ansicht kann heute als aufgegeben betrachtet werden. In der Tat würde ja diese, an sich schon mystische Neuproduktion nur ein unnötiges Zwischenglied in die Hypothese einschalten; der von Helmholtz so betonte logische Vorzug, daß die empiristische Theorie um eine Empfindungsvariable weniger benötige, würde verlorengehen, wenn man auf dem Wege von der Empfindung zur Wahrnehmung die vorher ersparte Variable wieder einführt. Es kann darum nur der zweite Weg betreten werden; man muß sich aber klar sein, zu welchem Ziel er führt. Da jeder Außenpunkt zu seiner Fixation eine ganz bestimmte, nur für ihn passende Innervation des gesamten Augenmuskelapparates erfordert, so muß auch jedem Außenpunkt ein ganz bestimmter Ort, und jedem anderen ein anderer Ort im Anschauungsbilde zugeordnet sein; eine Störung der eindeutigen Zuordnung könnte höchstens in den Fällen möglich sein, in denen sich zwei Innervationen so ähnlich sind, daß die Unterschiedsempfindlichkeit nicht mehr zureicht, um sie auseinanderzuhalten. Da wir ferner auch bei ruhendem Blick räumliche Unterschiede sehen, so müßte man annehmen, daß auch dies nur der Fall ist, weil wir die Empfindungen der einzelnen Sehfeldstellen räumlich so auslegen, wie wir sie auslegen würden, wenn wir den Blick tatsächlich von der einen zur anderen überführen würden. Somit müßte (wenn wir von jener durch die Unterschiedsempfindlichkeit bedingten Einschränkung einmal absehen) die Anschauung eine eindeutige Abbildung der wirklichen Objekte ergeben. In der Tat meint ja Helmholtz unter „Wahrnehmung" nichts anderes als den Schluß auf die wirklichen Raumverhältnisse und spricht von „Täuschungen", also Störungen der Wahrnehmung, immer dann, wenn dieser Schluß zu einem mit der Wirklichkeit nicht übereinstimmenden Ergebnis führt — so nennt er es z. B. eine „Täuschung" wenn uns das Stereoskop ein einfaches plastisches Objekt zeigt, während in Wirklichkeit zwei ebene Zeichnungen vorliegen. Man muß sich über die unlösliche Verbindung klar sein, die zwischen dem Grundsatz der empiristischen Theorie und dem der Projektionslehre besteht: wir gewinnen die Raumdaten erst durch Verarbeitung der Empfindungen (so sagt die erstere) — und diese Verarbeitung findet in der Weise statt, daß wir sie in den bereits gegebenen Raum nach den Richtungslinien hinausverlegen (so sagt die letztere).

Hering hat dieser Lehre das Gesetz der identischen Sehrichtungen entgegengestellt, welches erfahrungsmäßig ausnahmslos gilt: jedem Punkt der einen Netzhaut ist ein bestimmter Punkt der anderen so zugeordnet, daß alle Außenpunkte, die sich auf einem solchen Paare von Netzhautstellen abbilden, immer und ausnahmslos in derselben Sehrichtung erscheinen, die Außenpunkte mögen im wirklichen Raum welche Lage immer haben. In derselben Entfernung brauchen diese Objekte nicht notwendig zu erscheinen; ist das überdies auch noch der Fall, dann erscheinen sie im strengsten Sinne einfach. Es ist also z. B. nicht möglich, Nachbilder, die auf einem solchen Stellenpaar erzeugt werden und einfach erscheinen, durch irgendwelche Änderungen der Augenstellung in zwei zu spalten. Innerhalb eines gegebenen Sehfeldes ist es also eine jeder Netzhautstelle spezifische Energie, mit einer bestimmten Richtungsempfindung zu reagieren, und dieselbe spezifische Energie kommt einer bestimmten Stelle der anderen Netzhaut zu. Die „identischen Punkte" sind somit als Punkte identischer Sehrichtung definiert, nicht als Punkte, mit denen man einfach sieht. Fallen umgekehrt die Bilder eines Außenpunktes auf hinreichend disparate Stellen, so entstehen bei jeder beliebigen Augenstellung Empfindungen, die in verschiedener Richtung liegen, also Doppelbilder. In welcher Richtung ein auf identischen Stellen abgebildetes Objekt gesehen wird, darüber entscheidet die spezifische Energie dieses Punktepaares nur. insofern die Lage des Gesamtsehfeldes nicht geändert wird; mit anderen Worten: mit jedem Punkt der Einzelnetzhaut und daher mit jedem identischen Punktepaar der Doppelnetzhaut ist innerhalb des gegebenen Sehfeldes die Richtung des Sehobjektes bestimmt und unveränderlich an dieses Punktepaar geknüpft; Änderungen der Sehrichtungen kommen nur vor, wenn das ganze System der Sehrichtungen (das Sehrichtungsbündel) seine Lage ändert, nicht aber sind sie innerhalb des Systems möglich.

Hering hat die Hauptgesetze der optischen Lokalisation unter der Voraussetzung des ruhenden Doppelauges entwickelt und diese soll auch in der vorliegenden Darstellung festgehalten werden. Nun ist die Frage, ob der tatsächlich viel häufigere Fall des Sehens mit bewegtem Blick zu wesentlich neuen Lokalisationsgesetzen führt oder ob die hier bestehenden Gesetze sich den für Blickruhe geltenden unterordnen. Von vornherein ist die erstere Möglichkeit durchaus nicht auszuschließen, ja sie wird sogar von der Mehrzahl der Forscher auch heute noch vertreten. Man kann in der Tat der Lehre Herings beipflichten, daß für eine gegebene Augenstellung die Sehrichtungen, in denen uns die einzelnen Dinge erscheinen, Funktionen der einzelnen Netzhautstellen und daher mit diesen unveränderlich verknüpft seien, dabei aber annehmen, daß die Lage des ganzen Sehrichtungssystems von dem Bewußtsein der jeweiligen Augenstellung abhänge und diese letztere durch zentripetal entstandene Empfindungen von dem Kontraktionszustand unserer Augenmuskeln zustande komme. Da wir einen seitlich gelegenen Gegenstand, auch wenn wir ihn fixieren, doch in der Regel auch seitlich gelegen sehen, so können die beiden Foveae keinen unveränderlichen Richtungswert besitzen. Man hätte dann zwei Lokalisationsprinzipien anzunehmen: die Funktionen der Netzhaut für die Lokalisation innerhalb eines gegebenen Sehrichtungssystems und die Muskelempfindungen für die Lokalisation des ganzen Sehrichtungsbündels — diese beiden Prinzipien wären einander koordiniert, d. h. keines auf das andere zurückzuführen.

Hering ist dieser Ansicht nicht gewesen. Unter den Gründen,

die gegen sie sprechen, ist wohl folgender der am meisten entscheidende. Wir sehen die Objekte bei Blickbewegung gewöhnlich in Ruhe. Es muß also ein Faktor bestehen, der die Wirkung der Netzhautbildverschiebungen kompensiert, und zwar genau kompensiert, d. h. mindestens ebenso fein differenziert sein muß, wie es die Ortswerte der Netzhaut selbst sind. Diese Rolle können aber die Muskelempfindungen nicht spielen, da sie uns, falls sie überhaupt bestehen, erfahrungsgemäß höchstens eine sehr grobe Orientierung über die Augenstellung verschaffen. Das ergibt sich aus den schweren Täuschungen, denen unsere Lokalisation unterliegt, sobald sie ohne Kontrolle seitens der Netzhaut lediglich auf dieses Stellungsbewußtsein angewiesen ist. Es sei hier nur auf die scheinbaren Sprünge hingewiesen, die ein isolierter Lichtpunkt im Dunkelraum macht, wenn man ihn intermittierend auftreten läßt — eine Erscheinung, die beweist, daß uns sehr beträchtliche Stellungsänderungen, wenn sie unwillkürlich erfolgen, nicht zum Bewußtsein kommen. Ähnliche Folgerungen ergeben sich aus der Flucht der Objekte beim Drehschwindel, also wieder bei Augenbewegungen, die der Willkür entzogen sind. Umgekehrt zeigen die Scheinbewegungen bei isolierten Lähmungen oder Paresen einzelner Augenmuskeln, daß willkürliche Bewegungsimpulse und nicht die ausgeführten Bewegungen die Grundlage jenes kompensierenden Faktors abgeben müssen. Es wäre naheliegend, diese Erfahrungen dahin zu deuten, daß Innervationsempfindungen die Basis dieser Kompensation abgeben. Hering hat sich anders entschieden. Da bei jeder Willkürbewegung der neue Fixationspunkt als Ziel ins Auge gefaßt werden muß, so kann man offenbar auch die Verlegung des Aufmerksamkeitsortes als die Grundlage jener Umwertung des ganzen Sehrichtungssystems betrachten — und diese Ansicht hat Hering in der Tat vertreten, hauptsächlich weil dadurch die Einführung eines ganz neuen, durch selbständige Beweismittel nicht zu erhärtenden Umstandes, nämlich der Innervationsempfindungen, vermieden und an dessen Stelle ein zweifellos vorhandener gesetzt wird. Man kann aber noch einen weiteren Grund beifügen. „Den Aufmerksamkeitsort verlegen" besagt, daß der neue Ort schon vor dieser Verlegung vom alten unterschieden war; dieser Unterschied ist also einer, der schon durch den Ortssinn der Netzhaut gegeben sein mußte. Daher kann es nicht wundernehmen, wenn eine hierauf beruhende Umwertung des Sehrichtungssystems genau so fein differenziert ist, wie es die Ortsempfindungen der Netzhaut selbst sind — und dies war es, was verlangt werden mußte, wenn man die Ruhe der Objekte bei willkürlichen Blickbewegungen erklären wollte. Für die Hypothese der Innervationsempfindungen würde die Frage, warum sie gleich fein differenziert sind wie die Ortswerte der Netzhaut, immer ein neues Problem bleiben, für das man eine eigene Erklärung ersinnen müßte.

Unter diesem Gesichtspunkt stellt sich also die Lokalisation bei bewegtem Blick als ein Problem dar, das durchaus von den Lokalisationsgesetzen bei ruhendem Blick abhängig ist; und der Satz Herings, daß die relativen Raumwerte durch Blickbewegungen nicht geändert werden, ist nur der Ausdruck für diese Abhängigkeit. Wir können uns daher im folgenden auf die Lokalisationsgesetze bei Blickruhe beschränken und zu dem Satze zurückkehren, daß die Sehrichtung eine spezifische Energie ist, die sich ein für alle Male an die gereizte Netzhautstelle gebunden zeigt.

Der Projektionslehre widerspricht es bereits, daß ein Außenobjekt doppelt gesehen werden kann; man sieht nicht ein, warum ein solches nicht nach seinen Richtungslinien hinausprojiziert und also in deren Schnittpunkt verlegt werden soll. Tatsächlich mußte eine ziemlich unklare Hilfshypothese ersonnen werden, um sich mit diesem Widerspruch irgendwie abzufinden.

Die empirische Ermittelung der identischen Netzhautstellen kann zunächst nur nach dem Kriterium geschehen, durch das sie eben allein definiert sind, dadurch also, daß man bei feststehenden Augen diejenigen Stellen aufsucht, die in bezug auf die Sehrichtung füreinander substituiert werden können (Substitutionsmethode). Geometrisch sind sie dadurch nicht definiert, da man von vornherein nicht wissen kann, ob die Reiz aufnehmenden Endelemente in konstanter oder in wechselnder, vielleicht sogar unregelmäßig wechselnder Dichte über die Netzhäute verteilt sind. Macht man aber die einfache und von der Wahrheit nicht sehr weit abweichende Annahme einer gleichmäßigen Verteilung, so kann man auf jeder Retina ein Netz von Längs- und Querschnitten entwerfen, die durch Drehung von Ebenen um bestimmte

Achsen auf den Netzhäuten entstehen. Man definiert dann solche Längsschnitte als korrespondierend, welche bei gleichsinniger und gleichgroßer Drehung von einer bestimmten Ausgangsstellung aus als Schnittlinien auf den beiden Netzhäuten entstehen, und verfährt ähnlich bei der Definition der korrespondierenden Querschnitte. Da die Achsen, um welche sich diese schnittbildenden Ebenen drehen, durch die beiden mittleren Knotenpunkte gelegt werden, jene Ebenen also immer die Richtungslinien enthalten, durch welche ein Außenpunkt mit seinem Bildpunkt verbunden ist, erfährt man auf diesem Wege, welche Außenpunkte sich auf korrespondierenden Längsschnitten und welche sich auf korrespondierenden Querschnitten abbilden, und daher auch, welche beiden Bedingungen genügen; m. a. W. man ermittelt den für eine bestimmte Augenstellung geltenden Längs-, Quer- und Totalhoropter. Die Ermittelung dieser Gebilde des Außenraumes ist unter der vorhin gemachten Annahme einer homogenen Netzhaut ein rein geometrisches Problem. Helmholtz hat es analytisch, Hering durch die Mittel der projektiven Geometrie gelöst. Man kann also für jede gegebene Augenstellung die sämtlichen Außenpunkte ermitteln, die sich auf Netzhautstellen identischer Sehrichtung abbilden; man bezeichnet ihren Inbegriff gewöhnlich schlechtweg als „Horopter", meint damit aber den Totalhoropter. Daß die tatsächliche Gestalt des Horopters vom geometrisch ermittelten Horopter etwas abweicht, hat seinen Grund nur darin, daß die Ortsenergien nicht gleichmäßig über die Netzhaut verteilt sind. Für die theoretische Behandlung muß aber von diesem Umstand abgesehen werden; d. h. der empirische Horopter kann nur so behandelt werden, daß man an dem schematischen gewisse Korrekturen anbringt.

Die Eigenschaft, durch die die identischen Stellen charakterisiert sind, besteht nur in der Identität der Sehrichtungen, sagt also noch nichts über die Entfernung, in welcher der so abgebildete Punkt erscheint. Nun zeigt sich, daß, wenn keinerlei störende Umstände vorhanden sind (worüber später Näheres zu sagen ist), d. h. wenn lediglich die angeborenen Energien der Netzhautelemente wirksam sind, mit einem Paare solcher Stellen nicht nur in derselben Richtung, sondern auch in derselben Entfernung, also im strengsten Sinne einfach gesehen wird; und zwar liegt das entsprechende Sehobjekt in einer durch den Ort des fixierten

Punktes gehenden frontalparallelen Ebene, die Hering als Kernfläche bezeichnet hat und die daher dasjenige Gebilde des Sehraumes ist, das dem Horopter im wirklichen Raume entspricht. Die Kernfläche teilt also den Sehraum in einen vorderen und einen hinteren Abschnitt. Dieses Verhalten stellt eine neue Eigenschaft der identischen Stellen dar, die nicht aus ihrer Grundeigenschaft, der Identität der Sehrichtungen, schon von vornherein abgeleitet werden kann, sondern die sich unmittelbar nur empirisch feststellen läßt. Daß Hering beide Eigenschaftn durch ein hypothetisches Zwischenglied miteinander verbunden hat, wird später erwähnt werden und gehört nicht der Beschreibung der Tatsachen selbst an. Natürlich kann man jetzt, nachdem die tatsächliche Koexistenz beider Eigenschaften (Identität der Sehrichtung und Lokalisation in die Kernfläche) festgestellt ist, die identischen Stellen auch auf Grund der zweiten Eigenschaft aufsuchen; man kann also etwa bei horizontaler Blickrichtung und symmetrischer Konvergenz alle die Außenpunkte bestimmen, welche in einer vertikalen und frontalparallelen Ebene erscheinen (in Wirklichkeit im allgemeinen nicht in einer Ebene liegen) — die Netzhautstellen, auf welchen sich diese Punkte abbilden, sind einander paarweise als identische Stellen zugeordnet.

Liegt nun ein Außenpunkt so, daß er nicht dem Horopter (genauer: Querhoropter) angehört, so bildet er sich auf Stellen nichtidentischer Sehrichtung ab, erscheint also doppelt, und zwar wenn er jenseits des Horopters liegt in ungekreuzten Doppelbildern (das linke Halbbild gehört dem linken, das rechte dem rechten Auge an), wenn er diesseits des Horopters liegt in gekreuzten (umgekehrt wie früher). Es ist nun eine Erfahrung von grundlegender Wichtigkeit, auf die Hering mit Recht den größten Nachdruck gelegt hat, daß mit solchen „disparaten" Netzhautstellen nicht unter allen Umtänden, sondern erst wenn die Disparation eine gewisse Größe erreicht hat, doppelt gesehen wird, unterhalb dieser Größe aber einfach. Die Disparation äußert sich dann in der Empfindung darin, daß der einfach gesehene Punkt hinter oder vor der Kernfläche erscheint. Ersteres ist der Fall, wenn die Disparation eine ungekreuzte ist, d. h. bei weiterer Vergrößerung zu ungekreuzten Doppelbildern führen würde, letzteres, wenn sie zu gekreuzten Doppelbildern führen würde. Innerhalb des Gebietes, in welchem mit disparaten Stellen noch einfach gesehen wird, hängt es dann von der Größe der Disparation ab, ob der gesehene Punkt weiter oder weniger weit hinter bzw. vor der Kernfläche erscheint. Es wird also nicht bloß das im Horopter selbst Gelegene einfach gesehen, sondern auch ein beschränktes Gebiet diesseits und jenseits desselben. Darum kann man durch das bloße Merkmal des „Einfachsehens" die identischen Stellen nicht definieren, wie dies noch Joh. Müller getan hatte; vielmehr liefert dieses Merkmal nicht korrespondierende Punkte sondern korrespondierende „Empfindungskreise", wie Panum jene engen Bezirke disparater Stellen genannt hat. Innerhalb eines solchen Kreises gibt es dann einen Punkt, der mit einem bestimmten Punkt der andern Netzhaut im strengen Sinne identisch, d. h. von identischer Sehrichtung ist. Das soeben beschriebene Verhalten ist von fundamentaler Bedeutung; denn es begründet die Variabilität unserer Raumempfindungen nach der dritten Dimension. Die Wahrnehmung der Tiefendimension begegnet ja bekanntlich der großen Schwierigkeit, daß das Empfangsorgan (die Netzhaut) ein flächenhaftes ist und daher nur eine Variabilität des Reizes nach zwei Dimensionen gestattet, daß also auf dem Wege vom Außenobjekt bis zur Empfindung eine Variable verloren geht. Wäre die zweite Netzhaut s. z. s. bloß eine Wiederholung der ersten (wie noch Joh. Müller meinte), so würden die Empfindungen noch immer nach bloß zwei Dimensionen variabel sein: ein Außenpunkt würde sich entweder auf identischen Stellen abbilden, dann würde der Fall derselbe sein, wie wenn eine Netzhaut ein Bild empfinge; oder die Bilder lägen auf disparaten Stellen, dann wäre derselbe Fall gegeben, wie wenn eine Netzhaut von zwei Objekten aus gereizt würde, also zwei Bilder empfinge — kurz die Verteilung auf zwei Netzhäute würde keine neuen Bedingungen schaffen. Selbst ein „unbewußtes Schließen" könnte höchstens dazu führen, ein Doppelbild auf ein einfaches wirkliches Objekt zu beziehen (indem man sich etwa durch den Tastsinn von der Einfachheit des letzteren überzeugte), nicht aber dazu, das Objekt einfach und näher oder ferner als die Kernfläche zu sehen; der Schluß kann nicht ein Material schaffen, das in den Prämissen noch nicht enthalten war. Anders, wenn ein doppelter Reiz eine einzige Empfindung produziert und diese Reizkombination selber eine Variabilität besitzt; es ist dann nicht anders als wenn das Empfangsorgan selber dreifach ausgedehnt wäre. Darum ist es nicht richtig zu sagen: wir sehen drei Dimensionen, weil wir zwei Augen haben. Würde jene Tatsache, daß eine Reiz kombination eine einzige, und zwar neue Empfindung produziert, nicht bestehen oder, kurz gesagt, würde es keine korrespondierenden Empfindungskreise geben, so würden zwei Augen nicht mehr leisten als ein einziges. Nicht die Parallaxe an sich, sondern das Einfachsehen bei verschieden großer Parallaxe der Bilder ist die Quelle der Tiefenwahrnehmung. Repräsentiert eine Reizkombination einen einzigen Reiz, so ist auch die Annahme gestattet, daß die Ersetzung jedes der beiden Bestandteile durch die Reizung des korrespondierenden Punktes im anderen Auge eine neue Reizkombination darstellt und daher auch einen neuen Empfindungserfolg haben kann. Das ist bekanntlich der Fall, wenn man die beiden Hälften eines Stereoskopbildes vertauscht und dadurch die Umkehrung des Reliefes erzielt. Helmholtz hat diese Tatsache als besonders schlagenden Beweis gegen die Lehre betrachtet, daß die Tiefendimension Sache der Empfindung sei, also vom Reiz aus produziert werde. Wenn man, so meint er, die stereoskopischen Projektionen vertauscht, so erzielt man ja nichts anderes, als daß statt jedes Punktes der einen Netzhaut der identische der andern gereizt wird. Sind also die identischen Punkte füreinander substituierbar, so ist nicht einzusehen, warum bei jener Vertauschung das Relief sich umkehren, das Nähere ferner, das Vertiefte erhaben erscheinen soll. In Wahrheit ist schon die Voraussetzung, deren sich diese Überlegung bedient, unzutreffend. „Substituierbar" sind zwei identische Punkte in bezug auf ihre Sehrichtung; in bezug auf den Tiefenwert bei gleichzeitiger Reizung folgt daraus überhaupt nichts und daher folgt auch gar nichts für den Tiefenwert irgendeiner anderen (also z. B. disparaten) Reizkombination. Eine solche Kombination stellt einen, und zwar neuen Reiz dar. Welche Empfindung dieser produziert, läßt sich aus der Identitätslehre überhaupt nicht ableiten. Bezeichnet man also mit a_l und b_l zwei Punkte der linken, mit a_r nnd b_r die zugehörigen „identischen" Punkte der rechten Netzhaut, so läßt sich aus der Identitätslehre überhaupt nicht ableiten, was geschehen wird, wenn man a_l und b_r reizt; und es läßt sich ebensowenig entscheiden, ob die Reizkombination $a_l b_r$ dieselbe oder eine andere Empfindung ergeben wird wie $a_r b_l$. Es sind neue Erfahrungen nötig, die ergeben, daß hier überhaupt eine einzige

Empfindung resultieren kann und nicht deren zwei; und abermals neue Erfahrungen, die lehren, daß jene beiden Kombinationen verschiedene Tiefenempfindungen ergeben, die gekreuzte Disparation eine andere als die ungekreuzte.

Man könnte mit viel größerem Rechte behaupten, daß die Umkehrung des Reliefs der empiristischen Theorie unüberwindliche Schwierigkeiten macht. Wenn man aus den zwei — dieser Theorie zufolge raumlosen — Empfindungen, die durch Reizung von a_l und b_r entstehen, erst auf dem Wege der Projektion nach Richtungslinien die Lage des Außenobjekts erschließen soll, dann muß man sie nicht bloß überhaupt unterscheiden, sondern die eine muß auch auch als Empfindung des linken, die andere als solche des rechten Auges charakterisiert sein; sonst würde diese Empfindungskombination nicht ein anderes Resultat erschließen lassen als die Kombination $a_r b_l$. Nun haben aber Untersuchungen, die auf Herings Veranlassung in Leipzig durchgeführt wurden, zu dem (schon früher vermuteten und auch von Helmholtz angenommenen) Ergebnis geführt, daß man — sekundäre Hilfsmittel abgerechnet — aus der Empfindung selbst nicht entnehmen kann, ob sie von einem links- oder rechtsäugigen Reiz herstammt. Es würden also zwei Paare von Richtungslinien zur Verfügung stehen, die natürlich verschiedene Schnittpunkte haben, und die Empfindungen selbst würden uns gerade dieser Theorie zufolge gar keine Mittel in die Hand geben zu entscheiden, welches der beiden Paare wir zur Projektion benützen sollen. Die Umkehrung des Reliefs wendet sich also in schlagender Weise gegen die empiristische Theorie selbst. Sie wendet sich — nebenbei bemerkt — überhaupt gegen alle jene, auch in neuerer Zeit wieder vertretenen Ansichten, die die Parallaxe nicht als Reiz-, sondern als Empfindungskombination auffassen, aus der man erst auf Grund von Erfahrungen, Assoziationen u. dgl., kurz auf indirektem Wege zur Tiefenlokalisation gelange.

Die Art, wie das Zustandekommen der Tiefenlokalisation soeben entwickelt wurde, ist durchaus frei von Hypothesen und nur ein Ausdruck der Tatsachen selbst. In der Gesamtdarstellung des optischen Raumsinnes, wie sie Hering im Hermannschen Handbuch gegeben hat, hat er diese hypothesenfreie Form gewählt; und sie läßt sich wählen, sofern man eine Kombination zweier disparater Reize innerhalb des „korrespondierenden Empfindungskreises" als einen neuen Reiz auffaßt und, wie Panum, von einer „Empfindung der Parallaxe" spricht. Ein weiteres „Erklären" ist dann der Natur der Sache nach ebenso ausgeschlossen wie es ausgeschlossen ist zu erklären, warum Licht von bestimmter Wellenlänge gerade die Empfindung Rot, Schallwellen von der Schwingungsfrequenz 435 gerade den Ton a hervorrufen.

Allein die wahre Ansicht Herings ist es nicht gewesen, daß hier eine letzte, nicht weiter zurückführbare Tatsache vorliege — es wäre ja auch eine künstliche Begrenzung, wenn man das Sehen mit disparaten Netzhautstellen auf die Fälle des Einfachsehens einschränken und sich um die Lokalisation der Doppelbilder nicht kümmern würde. Und zudem muß auch der Tatsache Rechnung getragen werden, daß es durch Übung gelingt, auch mit solchen disparaten Stellen, mit denen man im Zustand mangelnder Übung einfach gesehen hatte, nunmehr doppelt zu sehen, also den korrespondierenden Empfindungskreis einzuengen.

Hering hat in den „Beiträgen zur Physiologie" eine Theorie entwickelt, welche die Tiefenlokalisation des mit disparaten Stellen einfach Gesehenen noch weiter zurückführt, zugleich aber von der Lokalisation des nicht einfach Gesehenen Rechenschaft gibt und sich überdies auch mit jenem oben erwähnten Einfluß der Übung auseinandersetzt. Allerdings ist sie nicht mehr frei von hypothetischen Elementen.

Die Grundzüge dieser Theorie sind am leichtesten zu entwickeln, wenn man sich auf die in der Blickebene gelegenen Objekte beschränkt und den scheinbaren Ort des fixierten Objektes als Nullpunkt der Tiefendimension auffaßt. Letzteres ist eine terminologische Festsetzung, ebenso wie es eine solche ist, alle näheren Sehobjekte mit negativen, alle ferneren mit positiven Tiefenkoordinaten auszustatten. Man denke sich nun, daß jede Stelle der einzelnen Netzhaut bereits einen bestimmten Tiefenwert (immer bezogen auf jenen Nullpunkt) besitzt, und zwar alle Punkte der inneren (nasenwärts der Fovea gelegenen) Netzhaut einen positiven oder Fernwert, alle Punkte der äußeren (schläfenwärts gelegenen) einen negativen oder Nahwert, so zwar, daß beide Tiefenwerte um so größer werden, je weiter die Netzhautstelle von der Fovea abliegt, so würde das heißen, daß schon mit einer Netzhaut nach der Tiefe verschieden lokalisiert wird, jedoch so, daß jede

Netzhautstelle ihren (relativ zum fixierten Punkt) unveränderlichen Tiefenwert besitzt, gleichgiltig, in welcher wirklichen Entfernung der Außenpunkt liegt, der sich auf dieser Stelle abbildet. Wählt man also außer dem fixierten Punkt einen zweiten Punkt so, daß er sich z. B. linksseitig auf der äußeren, rechtsseitig auf der inneren Netzhaut abbildet, und zwar mit so großer Disparation, daß die Doppelbilder deutlich getrennt gesehen werden (was man erreicht, wenn man einen Punkt wählt, der rechts oder links vom fixierten, aber beträchtlich näher oder ferner als dieser liegt), so so muß das Halbbild des linken Auges näher, das des rechten ferner erscheinen als der fixierte Punkt. Hering hat großes Gewicht darauf gelegt, daß der Versuch dies bestätigt; Hauptbedingung ist allerdings absolut ruhige Kopf- und Augenstellung und natürlich auch Ruhelage der beiden Objekte, des fixierten und des seitlichen, ferner Ausschluß aller sonstigen Störungen der Lokalisation (worüber später). Es gibt also auf der Doppelnetzhaut Stellen identischen Tiefenwertes, ebenso wie es Stellen identischer Sehrichtung gibt; die ersteren liegen aber symmetrisch zu den beiden Foveae, gehören also beide der inneren oder beide der äußeren Netzhaut an, während die Stellen identischer Sehrichtung gleichsinnig zu den beiden Foveae liegen, also beide der rechten oder beide der linken Netzhauthälfte angehören. Daraus folgt — beiläufig bemerkt —, daß nur die Foveae selbst Stellen identischer Sehrichtung und zugleich solche identischen Tiefenwertes sind. Bildet sich ein Außenpunkt auf irgendwelchen anderen Stellen identischer Sehrichtung ab, so hat notwendig die eine Stelle positiven die andere negativen Tiefenwert, während die Richtung des Gesehenen dieselbe sein muß. Nun könnte man von vornherein glauben, daß in diesem Falle zwei Objekte in derselben Richtung, aber in verschiedener Entfernung gesehen werden müßten, das eine dieseits das andere jenseits der Kernfläche. Das widerspräche der Identitätslehre gar nicht; und in der Tat kann man anscheinend den Fall oft genug beobachten, daß zwei Objekte in derselben Richtung aber in verschiedenen Entfernungen gesehen werden. Allein mit dieser Ausdrucksweise sind jene Fälle doch nur sehr oberflächlich und mißverständlich beschrieben. Man sieht einen „Gegenstand" hinter dem anderen, wenn beide verschiedene Gestalt oder Größe haben, so daß also nur ein Teil des einen vom andern (oder auch nur von einem Teil des andern) gedeckt wird; die nicht gedeckten Teile können dann über die Lokalisation des ganzen „Gegenstandes" entscheiden und es kann hier von später zu besprechenden Momenten abhängen, welchen „Gegenstand" man ferner, welchen man näher sieht. Es müssen also Anlässe vorhanden sein die Gegenstände auf Grund ihrer inneren Zusammenhänge, an denen ja auch die nichtgedeckten Teile partizipieren, in zwei zu trennen; auch die verschiedene Färbung der nichtgedeckten Teile hat an diesen inneren Zusammenhängen und damit an der Trennung entscheidenden Anteil. Wenn man aber alle derartigen Faktoren ausschließt, wenn man z. B. nur Flächen von genau derselben scheinbaren Gestalt und Größe verwendet oder mit feinsten vertikalen Linien arbeitet, so wird das, was auf identischen Stellen sich abbildet, nicht nur in derselben Richtung, sondern auch in derselben Entfernung, also im strengsten Sinne einfach gesehen. Da die Halbbilder aber auf Stellen entgegengesetzten Tiefenwertes liegen, so scheint die Annahme Herings zwingend, daß aus beiden Tiefenwerten ein einziger von der Größe des arithmetischen Mittels sich ergebe. Für identische Stellen, die ja gleiche Tiefenwerte von entgegengesetztem Vorzeichen haben, resultiert der Tiefenwert Null: das Sehobjekt erscheint in der Kernfläche selbst. Sind hingegen die Netzhautstellen disparat, so ist das arithmetische Mittel von Null verschieden und hat, wie eine einfache Überlegung zeigt, positives Vorzeichen bei ungekreuzter, negatives bei gekreuzter Disparation. Von einem arithmetischen Mittel der Tiefenwerte zu sprechen hat natürlich dann keinen Sinn, wenn die Doppelbilder getrennt gesehen werden; und das ist stets der Fall, wenn der Bereich des korrespondierenden Empfindungskreises überschritten wird. Insofern bleibt die obige Darstellung (S. 68 ff.) des Sachverhaltes zu Recht bestehen. Nur in einer Beziehung entspricht sie nicht ganz der Ansicht Herings. Man könnte nämlich geneigt sein, sich unter jenem korrespondierenden Empfindungskreis einen bloß anatomisch begründeten und daher scharf begrenzten Bezirk zu denken, etwa ähnlich wie sich E. H. Weber die Empfindungskreise der Haut vorgestellt hat. Das ist Herings Ansicht nicht; und schon die Tatsache, daß durch Übung eine Sonderung des ehemals einfach Gesehenen erzielt werden kann, spricht dagegen. Hering hat vielmehr angenommen, daß es überall, wo eine solche Sonderung nicht statthat, zu einer Art binokularen Mischung der beiden Tiefenwerte komme, analog der binokularen Farbenmischung. In der Tat ist eine derartige Annahme kaum zu vermeiden; denn wenn wir die beiden Sehobjekte wegen der großen Ähnlichkeit ihrer scheinbaren Orte nicht mehr als zwei zu erkennen vermögen, so ist ja damit schon gesagt, daß wir an Stelle der zwei Entfernungen, die wir im Falle der Sonderung sehen würden, nur eine einzige sehen; ein Komplex von Tönen hat für uns auch nur eine Intensität, wenn wir sie gar nicht sondern, sie vielmehr nur als Klangfarbe eines Tones hören, obzwar wir bei erlangter Übung die Analyse in mehrere Töne und daher auch in mehrere Intensitäten zu vollziehen vermögen. Es kann also nicht verwundern, wenn im Grenzgebiete des korrespondierenden Empfindungskreises die Ortsdaten ein ähnliches Verhalten zeigen wie die Intensitäten im angezogenen Beispiel.

Werden die Halbbilder aber gesondert wahrgenommen (wie das bei Überschreitung des korrespondierenden Empfindungskreises stets der Fall ist), so zeigen sie tatsächlich diejenige Tiefenlage, die ihnen vermöge der Lage der Netzhautbilder zukommt. Fallen also letztere z. B. beide auf die äußeren Netzhauthälften, so erscheinen die Doppelbilder beide näher als der fixierte Punkt; fallen beide Bilder auf die inneren Hälften, dann erscheinen die Doppelbilder ferner. Die dritte Möglichkeit, daß das eine Bild auf die äußere, das andere auf die innere Netzhauthälfte fällt, ist schon oben (S. 73) besprochen worden.

Der Fall der getrennt gesehenen Doppelbilder hat noch eine für die Theorie besonders interessante Seite. Wenn sich ein Außenpunkt auf disparaten Stellen abbildet, so heißt das ja nicht, daß auf der zu jeder von ihnen identischen Stelle der andern Netzhaut gar keine Erregung stattfindet, etwa so wie wenn nur die beiden disparaten Stellen allein da wären, alle übrigen aber fehlten. Licht fällt bei offenen Augen auch auf die den beiden disparaten zugehörigen identischen Stellen; und selbst wenn dies nicht der Fall wäre, sind doch die autonomen Erregungen vorhanden — das Sehfeld ist immer in seiner Gänze mit Qualitäten besetzt. Läßt man also etwa einen weißen Faden vor andersfarbigem Hintergrund in Doppelbilder zerfallen, so ist doch jedem Fadenhalbbild des einen Auges ein Stück vom Hintergrund im anderen Auge als identisch zugeordnet, wenn sich dieser Teil des Sehfeldes auch nicht von seiner Umgebung abhebt. Es entspricht also jedem monokularen Fadenbild zwar kein identisches „Bild“, wohl aber ein Stück des andersfarbigen Hintergrundes; es werden also identische Stellen qualitativ verschieden gereizt und damit sind die Bedingungen gegeben, unter denen Wettstreit bzw. binokulare Farbenmischung eintreten kann. Diese beiden längst bekannten Erscheinungen sind bisher nur als Farbenphänomene, d. h. nur mit Bezug auf ihre qualitative Seite studiert worden. Man weiß, daß im allgemeinen eine zwischen den beiden monokularen Farben liegende Mischfarbe auftritt, die bald der einen bald der andern Komponente näher liegt, unter günstigen Umständen die Mitte halten, unter anderen Umständen aber der einen Komponente so nahe liegen kann, daß sie schwer oder gar nicht von ihr unterschieden wird, und daß bei längerer Betrachtung diese verschiedenen Verhaltungsweisen zeitlich wechseln können („Phasen des Wettstreites“). Man weiß aber auch, daß das Auftreten von Grenzlinien im einen der monokularen Felder dieser Komponente ein Übergewicht verschafft, ja günstigsten Falles ihr zum „Siege“ verhelfen kann („Prävalenz der Konturen“). Der allgemeinere Fall der Mischung vollzieht sich niemals so, wie wenn beide Reize auf dieselbe Stelle einer und derselben Netzhaut wirken würden, also niemals im Sinne einer Summierung, sondern immer so, daß der eine Reiz nur auf Kosten des andern wirksam wird; daher gestalten sich die Grenzfälle so, wie wenn nur eine einzige von den beiden Komponenten vorhanden wäre, der Fall einer mittleren Farbe so, wie wenn sich jeder Einzelreiz nur mit der Hälfte seines Betrages an dem Ergebnis beteiligen würde („komplementärer Anteil der beiden Netzhäute“). Hering hat nun diese Erfahrungen aus dem qualitativen auf das lokale Gebiet übertragen, nämlich auf die Tiefenwerte der beiden Netzhautstellen. Das Fadenbild siegt im allgemeinen über den dem Hintergrund angehörigen korrespondierenden Streifen der andern Netzhaut und wird daher nur entsprechend den Tiefenwerten der einen Netzhaut lokalisiert — was natürlich auch vom Fadenbild des anderen Auges gilt. Es macht sich also die „Prävalenz der Konturen“ auch lokalisatorisch bemerkbar. Darauf ist u. a. die schon von Hering beobachtete Tatsache zurückzuführen, daß bei gleicher Parallaxe die Bildschärfe das Tiefensehen fördert. Wie es aber beim farbigen Wettstreit Phasen gibt, in denen die eine Komponente trotz aller Konturen teilweise oder ganz in der andern untergeht, so gilt

Ähnliches von den Tiefenwerten korrespondierender Stellen: auch hier können Phasen auftreten, in denen sich beide einzelne Tiefenwerte mit verschiedener, und zwar wechselnder, aber immer komplementärer Quote an dem einheitlichen Resultate beteiligen; und in dem speziellen Falle, daß beide Quoten gleich (aber natürlich dem Vorzeichen nach entgegengesetzt) sind, würde der Tiefenwert Null resultieren, d. h. die Doppelbilder des Fadens würden in der Kernfläche liegen. Die Tatsachen sprechen zweifellos zugunsten dieser Auffassung. Die Lokalisation der Doppelbilder entspricht zwar meistens dem Mittel aus den Tiefenwerten der beiden getroffenen Netzhautstellen; aber sie hat einen sichtlich labilen Charakter. Man kann, namentlich bei dauernder und fest fixierender Beobachtung, gekreuzte Doppelbilder gelegentlich in die Kernfläche zurückweichen sehen, manchmal sogar hinter diese; ihr Verhalten zeigt eben die Labilität aller Wettstreitsphänomene. Selbst dann, wenn die Disparation noch nicht so groß ist, daß ein deutlicher Zerfall in Doppelbilder eintritt, hat man beobachtet, daß die Lokalisation der binokularen Verschmelzungsbilder nicht immer sofort ihre endgültige Gestalt erlangt, daß es vielmehr manchmal einer gewissen Zeit bedarf, um ein stereoskopisches Verschmelzungsbild „richtig" zu sehen. So sicher es nun ist, daß bei Ungeübten häufig eine gewisse Zeit vergehen muß, bis sie überhaupt erst die richtige Stellung der Gesichtslinien finden, daß ferner bei Stellungsanomalien und Motilitätsstörungen oft erst die korrigierenden Fusionsbewegungen abgewartet werden müssen, so zeigt sich doch auch beim Mangel derartiger störender Umstände häufig, daß der volle stereoskopische Effekt einer gewissen Entwicklungszeit bedarf. Unter dem Gesichtspunkt eines Tiefenwettstreites rückt diese Tatsache unserem Verständnis bedeutend näher, und zwar um so mehr als die Annahme monokularer Tiefenwerte bei getrennt gesehenen Doppelbildern ohnehin kaum zu vermeiden ist. Jedenfalls empfiehlt sie sich besser als die unklaren Hypothesen von einer verschiedenen psychischen Ausnützung der Querdisparation, wie sie in neuerer Zeit mehrfach versucht worden sind. Versteht man unter letzterem Ausdruck nur dies, daß dieselbe Disparation als Reiz nicht immer ihren vollen Effekt in der Empfindung erreicht, so ist damit gegenüber der Annahme eines Tiefenwettstreites nichts Neues gesagt. Meint man aber, die disparaten

Einzelbilder kämen immer getrennt zum Bewußtsein und dieses letztere müsse erst irgendeine Tätigkeit des Deutens, Schließens u. dgl. an sie knüpfen, so spricht die Umkehrung des Reliefs, zusammengehalten mit der Tatsache, daß man rechts- und linksäugige Eindrücke nicht als solche unterscheiden kann (siehe oben S. 71) in schlagender Weise gegen eine derartige Auffassung. Jedenfalls ist es auch hier unumgänglich nötig, die Gesamtheit der Lokalisationsphänomene im Auge zu behalten und nicht an einzelnen die hypothesenbildende Phantasie zu betätigen.

Auch daß das Spiel der Aufmerksamkeit die Lokalisation der Doppelbilder beeinflussen kann, wird nicht wundernehmen, da doch auch der qualitative Wettstreit bis zu einem gewissen Grade von der Aufmerksamkeit beeinflußt werden kann. Man wird sich, kurz gesagt, vorstellen müssen, daß die beiden Einzelerregungen mit einem, auch von ihrem Gewichte abhängigen Betrag in die Bildung des arithmetischen Tiefenmittels eingehen. Wie im Falle des Grenzkontrastes die Konturen durch das größere Gewicht der angrenzenden Erregungsprozesse qualitativ, also der Farbe nach, prävalieren, so prävalieren sie auch ihren Tiefenwerten nach über gleichmäßige, nichtkonturierte Flächen. Und wo es, wie bei der Aufmerksamkeit, aus irgendwelchen Ursachen zu Schwankungen des Gewichtes kommt, werden Schwankungen im Werte des resultierenden Tiefenmittels die natürliche Folge sein.

Jedenfalls bedeutet die Ansicht Herings, daß die Tiefenwahrnehmung des binokular einfach Gesehenen ein Mischphänomen sei, kein Abgehen von der Lehre, daß sie der Empfindung selbst eigen ist, also keine Konzession an empiristische Anschauungen. Denn nicht ein psychisches Resultat aus psychischen Komponenten liegt vor, sondern ein solches aus (physiologischen) Erregungskomponenten; und daran ändert die Tatsache nichts, daß Übung unter Umständen bewirken kann, daß zwei Erregungen zu gesonderten Empfindungen führen können, die ohne Übung zu einer einzigen führen. Ebenso bleibt natürlich auch der Satz bestehen, daß die Tiefenvariabilität Sache der Binokularparallaxe ist und nur durch das Einfachsehen innerhalb des korrespondierenden Empfindungskreises zustande kommt. Denn die von Hering angenommenen Tiefenwerte der Einzelnetzhaut für sich genommen würden es niemals ermöglichen einen Außenpunkt, der sich nähert oder entfernt, aber auf derselben Netzhautstelle abbildet, in wechselnder Entfernung zu sehen. An der Auffassung des binokularen Sehaktes ändert sich also gar nichts, ob man das parallaktisch Abgebildete als einfachen Reiz oder als Doppelreiz auffaßt; er produziert jedenfalls ein einfaches Tiefendatum, falls sich die Parallaxe innerhalb gewisser Grenzen hält. Der Unterschied liegt nur darin, daß nach der einen Auffassung dem monokularen Sehen ursprünglich gar keine Tiefendaten, daß ihm aber nach der andern, von Hering vertretenen, relativ zur Kernfläche invariante Tiefendaten zukommen. Die letztere Auffassung empfiehlt sich darum mehr, weil sie auch dem Verhalten der getrennt gesehenen Doppelbilder sowie dem Einflusse der Übung Rechnung trägt.

Herings soeben skizzierte Theorie betrachtet das Tiefensehen als unmittelbare Reaktion der Sehsubstanz auf binokulare Reize. Sie ist als „nativistisch" bezeichnet worden und hat diesen Namen behalten, trotzdem sich ihr Autor gegen diese Bezeichnung ausdrücklich verwahrt hat. Abgesehen nämlich davon, daß dieser Ausdruck leicht zu dem Gedanken einer a priori gegebenen Raumanschauung, etwa im Sinne Kants, leiten könnte — eine Ansicht, von der Hering so weit wie nur möglich entfernt war — ist er auch darum irreführend, weil er die Meinung erwecken könnte, Hering habe den Erfahrungen des individuellen Lebens gar keinen Einfluß auf unsere optische Lokalisation eingeräumt. In Wahrheit trifft das Gegenteil zu: Hering hat die Einflüsse ausführlich erörtert, welche die Linearperspektive, die Luftperspektive, die Verteilung von Licht und Schatten, die partielle Deckung eines Gegenstandes durch den andern, die Bekanntschaft mit den wirklichen Größenverhältnissen, kurz die sog. „empirischen Lokalisationsmotive" auf unser räumliches Sehen ausüben. Die Art aber, wie er sich diese Beeinflussung dachte, ist allerdings grundverschieden von jener der sog. „empiristischen" Theorien und darf keineswegs als eine Konzession zugunsten der letzteren aufgefaßt werden. Zwei Punkte sind es vor allem, die Herings Ansicht vom Einfluß der Erfahrung auf die Lokalisation kennzeichnen. Erstens denkt er sich die Wirkung von Erfahrungen als Umstimmungen der Sehsubstanz, die machen, daß letztere durch denselben Reiz zu anderen Reaktionen veranlaßt wird, als sie es würde, wenn eine solche Umstimmung nicht erfolgt wäre; er denkt sie sich also ähnlich wie die qualitative Umstimmung bei der Adaptation: es ist eine veränderte Sehsubstanz, die reagiert. Damit ist gesagt, daß die Wirkung früherer Erfahrungen den Reizwirkungen durchaus gleichwertig ist, also die anschauliche Lokalisation genau so mitbestimmt wie die letzteren es tun. Nicht ein bloß abstraktes Wissen von den wirklichen Raumverhältnissen wird durch die empirischen Lokalisationsmotive erzielt, sondern ein verändertes räumliches Sehen. Wenn wir einen perspektivisch richtig gezeichneten Würfel plastisch sehen, so liegt der Fall durchaus anders, als wenn wir die Eisenbahnschienen konvergieren sehen, gleichzeitig aber von ihrem wirklichen Parallelismus überzeugt sind. Letztere Überzeugung ändert nichts an dem sinnlichen Konvergenzeindruck.

Der zweite charakteristische Umstand liegt aber darin, daß sämtliche empirischen Lokalisationsmotive sekundär sind, d. h. daß keines Tiefenempfindung produzieren würde, wenn eine solche nicht schon früher, und zwar aus der primären Quelle der binokularen Parallaxe stammend, vorhanden gewesen wäre. In bezug auf die sinnliche Anschaulichkeit der Wirkung sind also die sekundären Momente den primären gleichwertig, genetisch aber sind sie es nicht. In der neueren Psychologie wird vielfach der Begriff der assimilativen Assoziation verwendet; gemeint ist damit eine Assoziationswirkung, die nicht darin besteht, daß zu einem vom Reiz aus erzeugten Inhalt neue Inhaltsbestandteile hinzugefügt, der erstere aber ungeändert gelassen, sondern daß dieser unter Umständen geändert und so irgendeinem früheren angeglichen wird. Primär, also ohne Erwerbung im individuellen Leben, gäbe es eine solche Assoziationswirkung natürlich nicht; ist aber der assoziative Verband einmal erworben, dann wirkt er gleichwertig wie ein Reiz. Ähnlich hat man sich die Verhältnisse in unserem Falle zu denken. Ein Gegenstand kann einen andern partiell decken; dieser Umstand für sich würde sich aber in der Empfindung nur qualitativ äußern, indem z. B. die gleichmäßige Färbung einer Fläche unterbrochen wird oder aus einem gewohnten räumlichen Zusammenhang ein Stück ausfällt. Für sich genommen würde uns dieses Verhalten nur dazu führen können zu schließen, daß in Wirklichkeit der unterbrochene Gegenstand ferner liegt als der unterbrechende; er würde nicht bewirken können, daß wir den einen ferner sehen als den andern. Findet hingegen diese partielle Deckung bei zwei Gegenständen statt, von denen der eine infolge der Parallaxenwirkung näher *gesehen* wird als der andere, und sind solche Fälle häufig genug vorgekommen, um eine feste Assoziation zwischen beiden Momenten zu bilden, so genügt später die partielle Deckung *allein*, um einen sichtbaren Tiefenunterschied hervorzurufen. Darum nennt man dieses Lokalisationsmotiv *sekundär*; *empirisch* aber wird es genannt, weil frühere Erfahrung an sonst bekannten, nicht unterbrochenen Gegenständen erforderlich ist, um die Teile der unterbrochenen als zusammengehörig zu betrachten. Wenn man einen Menschen hinter einem Schlagbaum stehen sieht, der ihn sozusagen in zwei Teile zerschneidet, so ist die Bekanntschaft mit der menschlichen Gestalt nötig, um zu wissen, daß zum Rumpf auch Beine gehören. Daraus allein würde sich aber nur die Kenntnis ergeben, daß der *wirkliche* Mensch hinter dem *wirklichen* Schlagbaum steht. Daß er auch hinter ihm *gesehen* wird, ist nur dadurch möglich, daß man solche Unterbrechungen oft genug in Fällen erfahren hat, in denen die Binokularparallaxe es ermöglichte, den einen Gegenstand auch ferner zu *sehen* als den anderen. Ähnlich ist die Wirksamkeit aller anderen empirischen Lokalisationsmotive zu fassen. Wenn daher die letzteren eine Tiefenvariabilität auch bei monokularem Sehen ermöglichen, so kann dies nur auf der Basis früherer binokularer Sehakte geschehen, sofern es sich wirklich um ein *Sehen* von Entfernungsunterschieden handelt und nicht bloß um ein Wissen über die Entfernungsunterschiede der *wirklichen* Objekte. Das zweckmäßige motorische Verhalten von Geburt aus Einäugiger, wenn sie Gegenstände richtig ergreifen oder Hindernissen ausweichen, beweist nichts für ihr Tiefen*sehen*. Es genügt die Annahme, daß sie ihre Bewegungen jenen sekundären Daten richtig anpassen und in diesem Sinne über die Lage der wirklichen Objekte orientiert sind. An eine Befragung zu denken, ob solche Menschen Tiefenunterschiede *sehen* oder bloß um sie *wissen*, hieße so viel, als jemandem die Entscheidung einer Alternative zumuten, deren eines Glied er wahrscheinlich überhaupt nicht kennt.

Wie man sich diese anschauliche Modifikation von Raumdaten durch Einflüsse, die für sich genommen doch nur die Qualität (Farbe und Helligkeit) bestimmen, zu denken hat, ist selbst ein Problem, das bisher viel zu wenig Beachtung gefunden hat. Einen Schritt zum näheren Verständnis hat *Hering* durch Versuche getan, die sozusagen eine Umkehrung der vorhin erwähnten Sachlage darstellen. Wenn man zweien Flächen durch verschiedenen Abstand von der gemeinsamen Lichtquelle verschiedene objektive Lichtstärken gibt, so daß sie also verschieden hell erscheinen sollten, so kann man diese Helligkeitsdifferenz beträchtlich herabdrücken, ja ganz zum Schwinden bringen, falls man den Versuch binokular macht und so einrichtet, daß die beiden Flächen für den Beobachter einen möglichst deutlichen Entfernungsunterschied zeigen. Macht man aber den Versuch monokular, sorgt man ferner durch andere Vorkehrungen (unmittelbares Aneinandergrenzen der beiden Flächen, Beobachtung durch eine Röhre, deren Gesichtsfeld halb von der einen, halb von der anderen Fläche ausgefüllt wird) dafür, daß der Entfernungsunterschied dem Beobachter ganz verschwindet, so erscheinen die beiden Flächen in der vollen, durch ihre verschiedene Lichtstärke bedingten Helligkeitsdifferenz. Gelingt es hierbei nicht, den scheinbaren Entfernungsunterschied gänzlich zu beseitigen, so wird auch der Unterschied der Lichtstärke nur teilweise wirksam. Kurz, es ist so, wie wenn der letztere seine Wirksamkeit auf Qualität und Ort der Empfindung aufteilen, also die eine Variable um so stärker beeinflussen würde, je weniger er die andere beeinflußt. Diese von Hering zuerst beobachtete Tatsache bildet offenbar das Gegenstück zu der viel bekannteren Erscheinung, daß man durch Variierung der Helligkeitsdifferenz den Unterschied der scheinbaren Entfernung variieren kann. Beide Fälle erscheinen aber als Äußerungen einer höheren Stufe von Gesetzmäßigkeit — und darin liegt die Wichtigkeit des oben mitgeteilten Versuches.

Die Wirkungsweise der „empirischen Lokalisationsmotive" muß exakt beschrieben werden; man darf sich nicht begnügen mit der allgemeinen Redensart, die „Erfahrung" übe einen Einfluß auf unsere Lokalisation aus, ohne zu sagen, was hier „Erfahrung" heißt. Bei einer so allgemeinen und vagen Formulierung würde es sich sofort zeigen, daß „Erfahrung" die Lokalisation, wie sie vom Reiz aus bestimmt ist, bald in weitem Maße modifiziert, bald gänzlich außerstande ist, sie irgendwie zu ändern. Es liegen ja auch für das letztere Verhalten genügend Beispiele vor, und man konnte gerade an der Hand zahlreicher unkorrigierbarer „Täuschungen" darauf hinweisen, daß Erfahrungen, die wir über die wirklichen räumlichen Verhältnisse machen, vielfach außerstande sind, das abweichende Verhalten der optischen Raumbilder korrigierend zu beeinflussen, also die Täuschung rückgängig zu machen. Es ist bekannt, welch weitgehende Schlüsse Helmholtz gerade aus Tatsachen dieser letzteren Art gezogen hat. Wenn Erfahrung — so argumentierte er — nicht imstande ist, das in der Empfindung Gegebene zu modifizieren, wenn sich aber andererseits die „empirischen Lokalisationsmotive" doch zweifellos als einflußreich erweisen, so kann das, was durch sie modifiziert wird, kein Datum der Empfindung sein, sondern muß selbst als Produkt einer erfahrungsmäßigen Erwerbung angesehen werden; denn durch Erfahrung kann zwar Erfahrung, nicht aber Empfindung überwunden werden. Modifiziert also z. B. die Linearperspektive oder die Schattenverteilung ein in der Ebene der Leinwand dargestelltes Bild so, daß es plastisch wirkt, so kann auch der ebene Eindruck, wie er ohne diese Mittel entstünde, nicht Sache der Empfindung, sondern nur Produkt einer Auslegung, Deutung, kurz eines (wenn auch unbewußten) Schlusses sein. Der Fehler der Argumentation liegt darin, daß jenes Prinzip der Unüberwindbarkeit der Empfindung durch „Erfahrung" aus Tatsachen gewonnen ist, die prinzipiell andersartig sind als diejenigen, auf die es angewendet wird, so daß eine Gleichartigkeit beider Tatsachengebiete nur durch den Doppelsinn des Wortes „Erfahrung" vorgetäuscht wird. Wenn wir von einer Täuschung sagen, sie werde durch Erfahrung nicht beseitigt, so meinen wir mit „Erfahrung' ein Wissen von den wirklichen Verhältnissen, das uns durch verstandesmäßige Kombination andersartiger Sinneswahrnehmungen (die nicht einmal optischer Natur zu sein brauchen) zu teil geworden ist — Meßerfahrungen gehören z. B. hierher. Durch diese „Erfahrungen" wird tatsächlich ein Empfindungsdatum nicht überwunden: es hilft nichts die Lotabstände der Schienen eines Geleises zu messen und sich von ihrer Gleichheit zu überzeugen — die Schienen sehen trotzdem konvergent aus. Dort aber, wo sich die Erfahrung als modifizierender Faktor erweist, heißt „Erfahrung" nicht „Kenntnis von den wirklichen räumlichen Verhältnissen" (von denen wir ja gar nichts zu wissen brauchen), sondern bedeutet die assoziative Erzeugung eines Empfindungseffektes, der in früheren Erlebnissen ohne Assoziation, also unmittelbar durch Reizwirkung, hervorgebracht wurde. Nennt man nun in Bausch und Bogen alles das „erfahrungsmäßig erworben", was nicht Produkt des gegenwärtigen Reizes allein ist, so kann freilich die Meinung entstehen, daß die zwei, so grundsätzlich verschiedenen Tatsachen im selben Sinne Fälle von „erfahrungsmäßiger Erwerbung" seien. In Wahrheit aber wird hier ein richtiger Obersatz auf Fälle angewendet, die ihm gar nicht untergeordnet sind.

Es ist allerdings richtig, daß die Erfahrung im Sinne einer assoziativen Nachwirkung primärer Reizeffekte unsere Lokalisationen in bessere Übereinstimmung mit den wirklichen Raumverhältnissen bringt, als dies ohne diesen Faktor der Fall wäre; und daher mag vielleicht jene irrige Meinung stammen, daß es sich auch hier nur um ein nachwirkendes Wissen von den wirklichen Raumverhältnissen handle. Allein diese Auffassung verkehrt Ursache und Wirkung. Nicht weil wir die wirklichen Raumverhältnisse auf Grund von anderen, z. B. von Meßerfahrungen, kennen, modifizieren wir unsere Lokalisationen so, daß sie mit der Wirklichkeit besser übereinstimmen. Vielmehr ist das Verhältnis dieses: die wirklichen räumlichen Positionen erzeugen außer den Parallaxen auch noch andere, z. B. bloß qualitative Wirkungen; und wenn nun diese letzteren auf dem besprochenen Umweg der Assoziation auch dort Tiefenwirkungen hervorbringen, wo die Parallaxe fehlt (wie beim monokularen Sehen), so leisten sie damit per accidens auch etwas, was unsere Lokalisationen in bessere Übereinstimmung mit der Wirklichkeit bringt; aber dies ist eine Folgeerscheinung der so modifizierten Lokalisation, nicht ihre Ursache.

Unter Umständen kann übrigens auch ohne den Zwang einer assoziativen Wirkung ein Raumdatum aus dem gedächtnismäßigen Besitzstand primärer Raumdaten sozusagen hervorgeholt und mit einer gegenwärtigen Qualität verbunden werden. Dies ist der Fall, wenn der augenblicklichen Empfindung vom Reiz aus gar kein bestimmtes Tiefendatum aufgenötigt wird, wie z. B. wenn wir im absoluten Dunkelraum einen einzigen Lichtpunkt sehen und gar keine sekundären Anhalte zu seiner Tiefenlokalisation vorliegen. Hier können wir, wie Hering hervorgehoben hat, den Punkt willkürlich näher oder ferner sehen, je nachdem wir mit einer sozusagen vorgefaßten Nah- oder Fernvorstellung an die Beobachtung herantreten. Die Lokalisation wird hier unbestimmt, d. h. je nach inneren Bedingungen wechselnd. Will man nun hier den vorhandenen Besitzstand an Tiefendaten „Erfahrung" nennen, weil er früher erworben sein mußte, so zeigt gerade dieser Fall, daß Erfahrung solcher Art unsere Lokalisation durchaus nicht immer in bessere Übereinstimmung mit der Wirklichkeit bringen muß. — Wer die zahllosen Mißbräuche kennt, die gerade auf diesem Gebiete mit dem Wort „Erfahrung" gemacht worden sind, wird es nicht für überflüssig erachten, wenn hier der Grundgedanke Herings in seine weiteren Konsequenzen verfolgt wurde.

Wollte man Herings Lehre von der optischen Lokalisation mit einem Schlagwort charakterisieren, so würde sich der üblich gewordene Ausdruck „Nativismus" dazu am wenigsten empfehlen; viel bezeichnender wäre es, sie eine „Lehre von den Raumempfindungen" zu nennen und damit die vollkommene Koordination von Farbe und Ort eines Sehobjektes anzudeuten. In der Tat gehört es ja zu den Fundamenten seiner Auffassung, daß das Sehorgan auf einen Reiz ebenso primär mit einem Ort wie mit einer Farbe reagiert und daß nicht erst eine weitere geistige Leistung nötig ist, um der — ursprünglich ortslosen — Empfindung einen scheinbaren Ort zu verschaffen. Die Vertreter dieser letzteren Ansicht vermeiden es darum auch von Raumempfindung zu sprechen und wählen — Helmholtz folgend — für die zwei Hauptkapitel, in die die Lehre vom Sehen zerfällt, die Titel „Farbenempfindung" und „Raumwahrnehmung", um auch äußerlich gegen eine Koordination der qualitativen und der lokalen Variablen Stellung zu nehmen.

Die Kritik dieser sog. „empiristischen" Theorie hat zu einer ziemlich umfangreichen Literatur Anlaß gegeben. Sie hat sich nicht nur auf die Wege bezogen, auf denen jenes „Deuten" oder „unbewußte Schließen", das von der ortslosen Empfindung zur lokalisierten Wahrnehmung führt, sich vollziehen soll; sie hat vielmehr auch die Frage aufgeworfen, woher denn das Urteil, das als Resultat dieses Deutungs- oder Schlußprozesses auftritt, jenes spezifisch räumliche Materiale beziehe, das in den Prämissen zugestandenermaßen nicht enthalten sein soll und für das sich auch anderweitige Quellen nicht entdecken lassen. Man kann die Wirkung dieser kritischen Durchforschung der Wege, die die empiristische Theorie gegangen ist, ohne Zweifel dahin zusammenfassen, daß diese Lehre von der weit überwiegenden Mehrzahl der

Fachmänner definitiv aufgegeben ist. Wo sie noch auftritt, dort geschieht das in mehr oder weniger verschwommenen Formulierungen, die den scharfen Gegensatz verwischen, oder mindestens in einem beständigen Hinundherschwanken zwischen Ausdrucksweisen, die bald der einen, bald der anderen Theorie angepaßt sind. Die „trübe Vermengung" der Identitäts- mit der Projektionslehre, über die sich Hering vor mehr als einem halben Jahrhundert beklagt hatte, hat zwar der Hauptsache nach einer klaren Scheidung Platz gemacht, aber gänzlich verschwunden ist sie auch heute noch nicht. Daß sich das Wort „Hinausprojizieren" noch immer erhalten hat, ist vielleicht weniger schädlich als der freigebige Gebrauch, den man — namentlich in medizinischen Kreisen — von dem Ausdruck „Lokalzeichen" macht. Dem ursprünglichen Sinne nach, den Lotze (wenn man von einigen Schwankungen absieht) und später Helmholtz diesem Worte gegeben hat, bedeutet Lokalzeichen ein Datum der Empfindung, das sich mit der gereizten Netzhautstelle ändert, aber keinen örtlichen Charakter hat, vielmehr erst örtlich ausgelegt werden muß. Ob man dieses Datum mit Lotze als Muskelempfindung bzw. als Empfindung einer Bewegungstendenz auffassen oder mit Helmholtz seine qualitative Natur ganz dahingestellt lassen will, ist prinzipiell nicht von Belang. Eingeführt mußte dieses Datum werden, weil man, wenn sich die, verschiedenen Netzhautstellen zugehörigen, Empfindungen ursprünglich durch gar nichts unterschieden, nicht einsehen würde, woher dann ihre verschiedene räumliche Auslegung stammte; denn bei einer gleichmäßig gefärbten Fläche könnte man sich nicht einmal auf Farbenunterschiede berufen. Wesentlich ist also, daß die Lokalzeichen keine Ortsdaten sind, sondern unräumliche Zeichen, die erst räumlich interpretiert werden müssen. Ihre Einführung ist demnach streng an die empiristische Theorie des Sehens gebunden; für den Nativisten sind sie überflüssig, da für ihn die Empfindung selbst ein lokales Datum besitzt. Nun kann man aber dieses lokale Datum der Empfindung, das der Nativismus annimmt, mit vollem Recht auch seinerseits als ein Zeichen betrachten, nämlich als Zeichen des äußeren Ortes, d. h. des Ortes, den das wirkliche Ding einnimmt; und in diesem Sinne könnte dann auch der Nativist von „Lokalzeichen" reden. Die Vermengung der beiden Begriffe hat dazu geführt, daß Forscher, die ganz und gar nicht der empiristischen Theorie anhängen, sich eines Ausdruckes aus dem Wortschatz dieser letzteren bedienen In *diesem* Sinne könnte man auch für die Farben einen ähnlichen Ausdruck, etwa „Lichtzeichen", einführen, obzwar es noch niemandem eingefallen ist, daran zu zweifeln, daß sie primäre Empfindungsreaktionen sind. Durch seinen Doppelsinn hat der Ausdruck „Lokalzeichen" der empiristischen Theorie den Schein einer größeren Lebensdauer verschafft, als sie ihr tatsächlich zukommt.

Herings psychophysische Arbeiten liegen zwar nicht ausschließlich, aber doch ganz vorwiegend auf dem Gebiete der physiologischen Optik, behandeln also einen bestimmten Teil der Lehre von den Sinnesempfindungen. Mit größter Sorgfalt durchgeführte Einzeluntersuchungen sind es, die ihn zur Kenntnis neuer Tatsachen und bisher nicht bekannter Gesetzmäßigkeiten geführt haben. Er hat wiederholt betont, daß es ihm auf diese beiden, der unmittelbaren Erfahrung zugänglichen Momente viel mehr ankomme als auf die Hypothesen, die er zur Gewinnung höherer Zusammenhänge gebildet und denen er selbst nur provisorischen Charakter zuerkannt hat. Nun mag man vielleicht auf die spezielle Ausgestaltung solcher hypothetischer Zutaten kein allzu großes Gewicht legen; in *einer* Richtung sind sie doch von größter Bedeutung: sie charakterisieren die Art der *Fragestellung* und damit auch die Art, wie sich der Forscher die empirisch ermittelten Tatsachen und Gesetzmäßigkeiten am zweckmäßigsten *gruppiert* denkt, um durch ergänzende Hypothesen höhere Zusammenhänge herzustellen. Es kommt nicht so sehr darauf an, ob die Theorie der Gegenfarben gerade genau die Gestalt behalten wird, in der sie uns tatsächlich vorliegt; und *Hering* wäre wohl der letzte gewesen, der sie für endgültig und einer Weiterentwicklung unfähig gehalten hätte. Aber daß die Ermüdung nur eine Teilerscheinung des Sukzessivkontrastes ist, daß der letztere nur im Zusammenhang mit der simultanen Wechselwirkung der Sehfeldstellen verstanden werden kann, daß nicht die eine Erscheinung der Empfindung, die andere dem Urteil angehört, daß schließlich beide nicht dazu da sind, unsere Wahrnehmung zu verfälschen, sondern sie zuverlässiger zu machen — dies und noch vieles andere läßt erkennen, wie sich *Hering* die Tatsachen gruppiert dachte und wie er die Problemstellung gestaltet hat, um sie dieser Gruppierung anzupassen. Die Art der Zusammenfassung charakterisiert seine Theorien viel mehr als die Ergänzungen durch hypothetische Zutaten. Man erkennt dies am besten an seiner Theorie des räumlichen Sehens, in der ja Hypothesen nahezu gar keine Rolle spielen. An der Art der Fragestellungen liegen auch die prinzipiellen Gegensätze, in der sich Herings Anschauungen zu den Lehren gestellt haben, die einer vorwiegend physikalisch gerichteten Physiologie angehören und in Helmholtz' klassischem Werk eine Darstellung von bisher unerreichter Vollkommenheit gefunden haben. Abgesehen von denjenigen Arbeiten Herings, die ausgesprochen polemischen Zwecken gewidmet sind, sind auch seine systematischen Untersuchungen des Licht- und Raumsinnes mit fortlaufender Polemik durchwoben und zeigen so, daß er seine Ansichten nicht nur zu begründen, sondern fast fortwährend gegen allgemein verbreitete Lehren zu verteidigen hatte. Es müssen viel tiefergreifende Gegensätze sein, die seinen kritischen Scharfsinn zu solch ständiger Betätigung angeregt haben.

Was Herings Theorien des Licht- und Raumsinnes prinzipiell von den damals allgemein verbreiteten und besonders durch Helmholtz' Autorität gestützten Anschauungen trennt, läßt sich am besten darlegen, wenn man sich die Situation klarmacht, die überhaupt zu einer „Theorie des Sehens" Anlaß gibt, und zwar sowohl nach seiner qualitativen wie nach seiner lokalisatorischen Seite (Farben- und Raumsinn).

Wenn ein äußeres Objekt Licht aussendet und dieser Vorgang schließlich zu einer Gesichtsempfindung führt, so liegen zwischen diesem äußeren Geschehnis und der Empfindung eine Reihe von (teils bekannten, teils unbekannten) Vorgängen, die man in eine physikalische und eine physiologische Gruppe zerlegen kann, indem man die erstere bis ausschließlich zu den Veränderungen im Sinnesepithel reichen, die letztere mit diesen Veränderungen beginnen läßt. Würden sämtliche Vorgänge bis zum psychischen Endglied (Empfindung) der Beobachtung zugänglich sein, so hätte man sie einfach zu beschreiben, und die Gesetzmäßigkeiten, die sich hierbei ergäben, würden zusammen eine völlig hypothesenfreie „Theorie des Sehens" ausmachen. Tatsächlich ist der physikalische Teil (wie etwa die Brechungen, Absorptionen, Änderungen durch Fluoreszenz, chemische Zersetzung gewisser Empfangsstoffe) unserer Kenntnis zugänglich und zum größten Teil erforscht, der physiologische aber seinem Wesen nach unbekannt; vom terminalen, d. h. am Sinnesepithel angreifenden Reiz an ist also überhaupt erst Gelegenheit zur Hypothesenbildung gegeben. Man kann daher, soweit es sich um Hypothesen handelt, die Reihe der physikalischen Vorgänge ausschalten und nur den Weg vom terminalen Reiz bis zur Empfindung in Betracht ziehen. Hieraus ergibt sich schon das eine, daß etwaige Hypothesen den beiden bekannten Endgliedern dieses Gebietes, also dem terminalen Reiz einerseits, der Empfindung andererseits, angepaßt sein müssen, mithin nicht dem Außenvorgang und der Empfindung. Handelt es sich also z. B. um den scheinbaren Ort einer Empfindung, so hat eine etwaige Hypothese nicht die Beziehung zwischen dem äußeren Ort des wirklichen Dinges und dem (scheinbaren) Ort der Empfindung, sondern zwischen den gereizten Netzhautpunkten und dem Ort der Empfindung herzustellen. Wird demnach ein bestimmtes Netzhautstellenpaar bald von einem einzigen Außenpunkt aus, bald von zwei Außenpunkten, bald überhaupt nicht von Punkten außerhalb des Auges, sondern von entoptischen Objekten aus gereizt, so ist es selbstverständlich, daß dieselbe (einfache oder doppelte) Empfindung entsteht, und für eine Hypothese ist hier kein Platz. Es hat einen Sinn zu fragen, warum die Reizung dieser beiden Netzhautstellen gerade zu diesem (einfachen oder doppelten) Empfindungsort führt; es hat aber keinen Sinn zu fragen, warum bei gegebenen Reizstellen ein einfaches Außenobjekt doppelt oder bei anderen Reizstellen ein doppeltes Außenobjekt einfach erscheint. Fragen der letzteren Art sind Pseudoprobleme; in ihnen liegt der Grundfehler der Projektionstheorie. Die Identitätslehre sagt zwar — worauf schon der Name hindeutet — etwas aus über die funktionelle Identität zweier Netzhautstellen; aber eine solche Identität setzt voraus, daß der scheinbare Ort auch schon einer Netzhautstelle eine Funktion dieser Netzhautstelle und nicht des wirklichen Ortes ist, den das Außenobjekt einnimmt. Dieser letztere Satz ist der eigentliche Kern der Identitätslehre; und man kann daher ohne Paradoxie sagen, daß dieser Kern erhalten bliebe, selbst wenn der Mensch nur ein Auge hätte und daher von identischen Netzhautstellen überhaupt nicht gesprochen werden könnte. Wenn Hering in diesem Sinne den scheinbaren Ort einer Empfindung als Produkt des Sehorgans bezeichnet, so sagt er damit nur etwas aus, dessen Analogon auf dem Gebiet der Farbe heute jedermann für selbstverständlich hält. Es hat daher ebensowenig Sinn, von einer Ähnlichkeit (oder gar Identität) zwischen wirklichem und scheinbarem Ort zu sprechen, als es einen Sinn hat, von Ähnlichkeit zwischen Farben und Lichtwellen zu reden. Und daher kann man von einer „richtigen Lokalisation" in dieser Bedeutung ebensowenig reden, wie man von demjenigen, der bei einer Wellenlänge von 510 $\mu\mu$ Grün sieht, sagen kann, er sehe qualitativ „richtig".

In dem Gebiete zwischen terminalem Reiz und Empfindung aber ist ein Anlaß zur Hypothesenbildung nur dann gegeben, wenn die Eindeutigkeit der Zuordnung zwischen beiden gestört ist, sei es, daß verschiedenen terminalen Reizen dieselbe Empfindung, sei es, daß einem und demselben Reiz verschiedene Empfindungen entsprechen. Würde die Zuordnung eine wechselseitig eindeutige sein, so wäre zu Hypothesen keine Veranlassung gegeben. Denn wenn auch die Beziehung zwischen einem bestimmten Reiz und der eindeutig dazugehörigen Empfindung eine sehr indirekte, durch viele unbekannte Zwischenprozesse vermittelte wäre, so würde in dem konstatierbaren Anfangs- und Endglied keinerlei Hinweis auf das Vorhandensein derartiger Zwischenglieder gelegen sein; die Lage wäre genau dieselbe, wie wenn letztere gar nicht vorhanden und die Empfindung die unmittelbare Wirkung des terminalen Reizes wäre. Diesfalls aber wäre nichts da, was eine Hypothese verlangte oder einer solchen überhaupt zugänglich wäre; man kann eine derartige primitive Kausalbeziehung nur mehr konstatieren und sie höchstens mit anderen, ebenso primitiven Kausalbeziehungen unter einen allgemeinen Ausdruck bringen. Als Beispiele für Störungen der eindeutigen Zuordnung können auf qualitativem Gebiete die Tatsachen der Lichtmischung und die des Kontrastes dienen; die ersteren zeigen, daß verschiedenen terminalen Reizgemischen eine und dieselbe Empfindung, die letzteren, daß einem und demselben terminalen Reiz verschiedene Empfindungen entsprechen können. Auf lokalisatorischem Gebiete geben alle Fälle der empirischen (d. h. sekundären) Lokalisationsmotive (z. B. die Perspektive) Beispiele für Störungen der eindeutigen Zuordnung, insofern dieselben terminalen Reize in der Empfindung verschiedene Tiefeneffekte erzeugen können.

Wenn die hypothetischen Vorgänge, die man zur Erklärung dieser Störungen einschaltet, ihren Zweck erfüllen sollen, so müssen natürlich die beiden Grenzglieder genau beschrieben sein, was schon involviert, daß man sich das physiologische Endresultat mit all den Eigenschaften ausgestattet zu denken hat, die uns die unmittelbare Wahrnehmung an dem Empfindungseffekt zeigt.

Bei der Frage der (eindeutigen oder nicht eindeutigen) Zuordnung von terminalem Reiz und Empfindung denkt man zunächst an selbständige Empfindungen, d. h. an solche, die für sich allein existieren können. Es ist aber klar, daß dieselben Überlegungen auch auf die unselbständigen Variablen (die „Merkmale") einer Empfindung, wie z. B. Helligkeit oder Farbenton, Anwendung finden. Wenn also den Variablen des terminalen Reizes (z. B. der Wellenlänge oder der Amplitude) die Variablen der Empfindung nicht eindeutig entsprechen, so müssen die hypothetischen Vorgänge, die man zwischen beide einschaltet, davon Rechenschaft geben. Die Merkmale der Empfindung sind die Fundamente, auf denen die Ähnlichkeit zwischen zwei Empfindungen beruht; m. a. W. wenn sich gegebene Empfindungen in mehrfacher Weise in Ähnlichkeitsreihen ordnen lassen, so ist dies ein Zeichen, daß sie mehrere, und zwar mindestens ebenso viele Merkmale haben, als solche Reihen gebildet werden können. Die eindeutige Zuordnung zwischen den Variablen des terminalen Reizes und denen der Empfindung müßte sich darin äußern, daß durch Änderung einer Reizvariablen Empfindungen entstehen, die nur in einer Ähnlichkeitsreihe liegen; bei der nichteindeutigen Zuordnung aber müßten die so entstehenden Empfindungen zugleich mehreren Ähnlichkeitsreihen angehören. Daß die Qualität der Gesichtsempfindungen sich tatsächlich im letzterwähnten Sinne verhält, hat Hering im Gegensatz zu weit verbreiteten Anschauungen immer wieder betont; so ändert man mit der Reizintensität die Helligkeit, die Sättigung und in gewissem Ausmaße sogar den Farbenton, und Ähnliches gilt von den Änderungen der Wellenlänge. Die hypothetischen Prozesse, die Herings Theorie annimmt, sind diesen Störungen der eindeutigen Zuordnung zwischen den (unselbständigen) Variablen von Reiz und Empfindung tatsächlich in sehr vollkommener Weise angepaßt. Von der Young-Helmholtzschen Hypothese gilt dies erwiesenermaßen nicht; die Meinung, daß sich Farbenton, Helligkeit und Sättigung physikalisch definieren lassen, zeigt ja deutlich, daß diese Theorie die Tatsache der nicht eindeutigen Zuordnung zwischen den Reiz- und Empfindungvariablen vollständig verkennt. Eine der wichtigsten Folgen dieses Irrtums ist die verfehlte Behandlung der farblosen Empfindungen, also der Graureihe. Das Vorurteil, daß die Reiz- und Empfindungsvariablen einander eindeutig entsprechen müssen, hat hier in doppelter Gestalt gewirkt. Da die selbständige Empfindung Grau gewöhnlich als Wirkung eines Lichtgemisches auftritt (bei Dunkeladaptation gilt nicht einmal dies!), so wurde ohne weiteres angenommen, daß sie auch als Komponente — z. B. im weißlichen Blau oder im Graugelb — nur vorkommen könne, wenn auch im Reiz komplementäre Lichtgemische vertreten seien. Es wurde also verkannt, daß auch homogenes Licht farblose Empfindungen, wenigstens als Komponenten, erzeugen kann. Und zweitens mußte dies um so mehr verkannt werden, als ja — wieder zufolge jenes Vorurteiles — feststand, daß die einzig möglichen Änderungen einer homogenen Strahlung, nämlich die Änderungen ihrer Intensität, auch in der Empfindung nichts anderes als Intensitätsänderungen hervorrufen können. Für Sättigungsänderungen, wie sie hier in Wirklichkeit immer auftreten, ist ja in einer Theorie, die die Sättigung physikalisch, nämlich durch die relative Menge des beigemischten weißen Lichtes definiert, allerdings kein Platz. Wer daran Anstoß nimmt von „Komponenten einer Empfindung" zu sprechen, kann auch die oben angedeutete Ausdrucksweise wählen und sagen, daß einer einfachen, linearen Ähnlichkeitsreihe auf seiten des Reizes keine ebenso einfache, lineare Ähnlichkeitsreihe auf seiten der Empfindung zu entsprechen braucht, und daß, sobald dies nicht der Fall ist, zwar nicht die eindeutige Zuordnung zwischen den Reizen und den Empfindungen selbst, wohl aber die zwischen den Reizrelationen und den Empfindungsrelationen gestört ist, und auch dieser Störung durch eine entsprechende Hypothese über die Vorgänge zwischen terminalem Reiz und Empfindung Rechnung getragen werden muß. Sachlich kommt nichts darauf an, ob man diese etwas umständlichere Ausdrucksweise wählt oder ob man die Forderung, die an jede Hypothese über die Vorgänge in der Sehsubstanz gestellt werden muß, folgendermaßen formuliert: die Hypothese muß so eingerichtet werden, daß sich jede Störung der eindeutigen Zuordnung zwischen terminalem Reiz und Empfindung, ebenso aber auch zwischen den Variablen des terminalen Reizes und den Variablen der Empfindung aus ihr erklärt. Herings Hypothese erfüllt diese notwendige Bedingung. Wenn sie sich überdies bemüht, die Vorgänge in der Sehsubstanz so anzunehmen, daß sie sich den plausiblen Anschauungen über die Vorgänge in der lebendigen Substanz überhaupt einfügen lassen, so gewinnt sie dadurch nur noch an Wahrscheinlichkeit.

Daß Hering die oft so geringschätzig behandelte, „subjektive Analyse" der Empfindungen mit Recht als den Ausgangspunkt für jede Hypothesenbildung betrachtet hat, ergibt sich aus den obigen Erwägungen von selbst; sie muß ja vorausgesetzt werden, wenn wir beurteilen sollen, ob und in welcher Weise die eindeutige Zuordnung gestört ist, d. h. ob eine Hypothese überhaupt nötig und wie sie diesfalls einzurichten ist.

Wie immer die Störung der eindeutigen Zuordnung beschaffen sein mag, ob sie die selbständigen Reize und Empfindungen oder die unselbständigen Variablen beider betrifft — eines muß von der darauf gegründeten Hypothese jedenfalls verlangt werden: daß nämlich das Endresultat der von ihr angenommenen Vorgänge in der Sehsubstanz sich genau mit den beobachteten Empfindungen deckt und nicht noch einmal einen Rest von Inkongruenzen zurückläßt, der neuerliche Hypothesen nötig macht. Dieser Fehler ist es, gegen den sich Herings Kritik der Helmholtzschen Lehre vom Simultankontrast als einer Täuschung des „Urteils" vor allem richtet. Da diese Lehre eine Wechselwirkung der Sehfeldstellen nicht kennt, muß sie den Einfluß, den die Umgebung auf Farbe und Helligkeit einer Stelle ausübt, gänzlich aus dem Bereich der Empfindung hinaus- und in eine Funktion verlegen, die zur fertigen Empfindung als etwas Neues hinzutritt. Aber selbst beim Sukzessivkontrast, den ja auch Helmholtz physiologisch — nämlich durch Ermüdung — erklärt, bleibt ein derartiger unerklärter Rest zurück, da alle die Fälle, in denen die Helligkeit größer wird als bei unermüdetem Organ, sich offenbar durch Ermüdung nicht erklären lassen. Hier müssen dann die „psychologischen" Erklärungen herangezogen werden, die an Stelle des Hellersehens ein Fürhellerhalten treten lassen. Das Mißliche solcher Erklärungen liegt in der unvermeidlichen Annahme, daß die Empfindung, auf die sich das — irrige — Urteil richten soll, uns als solche tatsächlich gar nicht zum Bewußtsein kommt, sondern unmittelbar in der modifizierten Gestalt auftritt, so daß dieser wesentlich psychologische Vorgang als unbewußt verlaufend angenommen werden muß, manchmal (wie beim Florkontrast) sogar auf ziemlich komplizierte Überlegungen gestützt, die gleichfalls unbewußt verlaufen müßten. Demgegenüber ist ohne Zweifel derjenige im Vorteil, der die physiologische Hypothese schon so einrichtet, daß das Ergebnis dem unmittelbar konstatierbaren Bewußtseinszustand entspricht; denn was hier hypothetisch angenommen wird, ist ein rein physiologischer Vorgang, für den der Charakter des Unbewußten keine neue hypothetische Zutat bildet, sondern in der Hypothese selbst eingeschlossen ist. Wesentlich ist also für Herings Anschauung, daß die hypothetischen Prozesse in der Sehsubstanz genau dem Empfindungsresultat angepaßt sind, während sie Helmholtz möglichst den terminalen Reizen anpaßt und daher dort, wo diese Anpassung mit den Bewußtseinstatsachen nicht übereinstimmt, die Lücken mit einem Zusatz von psychologischen Hypothesen ausfüllen muß. Auch in der Behandlung, die die Tatsachen der Lichtmischung von beiden Forschern erfahren, zeigt sich dieser Gegensatz. Ein bestimmter Lichtreiz (eine Valenz) kann immer als Funktion dreier beliebig gewählter Lichtreize angesehen werden; anders ausgedrückt: zwischen vier Lichtern ist immer eine, und nur eine, Valenzgleichung möglich. Dieser Tatsache werden beide Theorien, die Young-Helmholtzsche und die Heringsche, gerecht; die erstere durch die Annahme von drei Faserarten, die letztere dadurch, daß von den fünf möglichen Valenzen (der Weiß-, Rot-, Grün-, Blau-, Gelbvalenz) nur drei unabhängig variabel sind, indem die Rot-Grünvalenz ein Paar untereinander abhängiger Valenzen bildet und ähnlich die Gelb-Blauvalenz. Aber die Zahl der Grundempfindungen ist durch dieses Verhalten durchaus nicht auf drei festgelegt; sie könnte eine beliebig größere sein, wie Hering eingehend dargelegt hat. Welches die Grundempfindungen tatsächlich sind (und damit natürlich wie groß ihre Zahl ist), wird durch die „subjektive Analyse" allein entschieden und nicht durch jene eben erwähnte Tatsache der Lichtmischung, wie so oft behauptet wird. Ihnen parallel gehen dann die hypothetischen Elementarerregungen. Wenn zwei physikalisch verschiedene Lichtgemische gleich aussehen, so müssen ihnen (nach den früher entwickelten Grundsätzen) identische Gemische von Elementarerregungen entsprechen. Die Hypothese über die Vorgänge in der Sehsubstanz aber muß so eingerichtet werden, daß man versteht, wie aus verschiedenen terminalen Reizgemischen identische Gemische von Elementarerregungen werden können. Es ist also wieder die Störung der eindeutigen Zuordnung zwischen terminalem Reiz und Empfindung, die eine Hypothese nötig macht und ihre besondere Gestalt bestimmt. Nicht aber sind die terminalen Reize selbst und ihre Anzahl für die Vorgänge in der Sehsubstanz, für ihre Art und Zahl, entscheidend; daher bestimmen sie auch gar nicht die Zahl der *Grundempfindungen*. Die Hypothese muß — kurz gesagt — eine Aussage über die *spezifischen Energien* der Sehsubstanz machen, derart, daß die Reaktionen der letzteren auf alle tatsächlichen Reize die sämtlichen Störungen der eindeutigen Zuordnung als notwendige Folgen dieser Energien erscheinen lassen. Das ist der *prinzipielle* Rahmen, der die Theorie *Herings* umschließt und der unverändert bleibt. Die Art, wie man sich diese spezifischen Energien denkt, muß den Erscheinungen selbst möglichst gut entsprechen, muß möglichst einfach sein und mit den Erfahrungen der allgemeinen Physiologie in Einklang stehen. Nach allen den letztgenannten Richtungen ist die *Hering*sche Theorie einer Weiterentwicklung fähig; in der erstgenannten steht und fällt sie mit dem Gesetz der spezifischen Sinnesenergien. Es kommt demnach sehr wesentlich darauf an, wie man dieses letztgenannte Gesetz auffaßt. Wenn es nichts weiter aussagen würde, als daß die Sehsubstanz auf jeden Reiz, auf den sie überhaupt reagiert, mit Farbenempfindungen reagiert, so würde es bloß die qualitative Besonderheit dieser Klasse von Empfindungen — und damit natürlich auch die Unähnlichkeit zwischen Reiz und Empfindung — erklären; die Zuordnung könnte, bloß auf Grund dieser Aussage, noch immer eine eindeutige sein, und es würde nichts im Wege stehen, die Beziehung zwischen Reiz und Empfindung als bloßen *Energieumsatz* aufzufassen. Besteht aber der Sinn jenes Gesetzes darin, die Beziehung zwischen dem Reiz und dem Vorgang in der Sehsubstanz als einen *Auslösungsprozeß* zu charakterisieren, der demnach je nach dem Reiz verschieden ausfallen *kann* (aber nicht muß), so sind damit alle Möglichkeiten für Störungen der eindeutigen Zuordnung offen gelassen und die Auswahl hat nur nach den empirischen Bedürfnissen und den Regeln der Hypothesenbildung zu erfolgen. Die zweite — und offenbar weitere — Auffassung hat zweifellos schon der Entdecker dieses Gesetzes vertreten, wenn er den Reiz als einen Vorgang ansieht, der die Sehsubstanz zur Entfaltung ihres „Eigenlebens" anregt. Durch das konsequente Festhalten an dieser Auffassung ist der Rahmen gekennzeichnet, der Herings Hypothesen umschließt. In den Gebieten, in denen die Zuordnung zwischen Reiz und Empfindung eine eindeutige ist, wie z. B. zwischen Netzhautstelle und Sehrichtung, ist auch diese Eindeutigkeit nicht etwas Selbstverständliches und von vornherein zu erwartendes, sondern kann nur erfahrungsgemäß konstatiert werden. Es sind somit diese „Kongruenzen" ebenso durch die spezifischen Energien der Sehsubstanz zu erklären wie die vielen anderwärts bestehenden „Inkongruenzen' zwischen Netzhautbild und Sehobjekt; man hat daher nicht die ersteren Fälle als sozusagen „normale", die letzteren als „abnorme" anzusehen, die besondere „psychologische" Erklärungen verlangen.

Wenn die Sehsubstanz nach den Gesetzen ihres Innenlebens auf Reize reagiert, so ist es begreiflich, daß sie verschieden reagiert, wenn sie selbst eine andere geworden ist, sei es, daß sie sich zeitweilig oder daß sie sich dauernd geändert hat. Ersteres gilt z. B. von der sukzessiven Adaptation, letzteres von den Fällen, in denen zahlreiche gleichartige Erfahrungen feste Assoziationen begründet haben, wie dies bei den sekundären Lokalisationsmotiven zutrifft, aber auch dort, wo umgekehrt die Farbe durch die Lokalisation modifiziert wird (siehe S. 82). Die Mehrdeutigkeit der Zuordnung von Reiz und Empfindung kann schon bei unveränderter Sehsubstanz stattfinden, wie die Fälle lehren, in denen Lichtern von verschiedener physikalischer Zusammensetzung dieselben Empfindungen entsprechen. Die Veränderlichkeit der Sehsubstanz ist aber, wie man sieht, eine weitere Quelle der Mehrdeutigkeit. Der Unterschied liegt darin, daß im ersteren Falle mehreren Reizen dieselbe Empfindung, im letzteren demselben Reize mehrere Empfindungen zugeordnet sind. Daß Mehrdeutigkeiten von beiden Arten kombiniert vorkommen können, braucht nicht eigens erwähnt zu werden.

Der allgemeine leitende Gedanke, wie er hier aus dem Gesetz der spezifischen Sinnesenergien zu entwickeln versucht wurde, ist für Herings Theorie des räumlichen Sehens genau derselbe wie für seine Theorie des Lichtsinnes — und muß wohl derselbe sein, da Hering den scheinbaren Ort eines Sehobjektes ebenso als ein Datum der Empfindung auffaßt wie dessen Farbe. Daß der Gegensatz zu Helmholtz aber bei der Theorie des räumlichen Sehens ein viel schärferer und sozusagen prinzipieller ist, liegt darin begründet, daß Helmholtz den Ort eines Sehobjektes überhaupt nicht für ein Datum der Empfindung ansieht, sondern für etwas, was sich aus raumlosen Empfindungen erst im individuellen Leben entwickelt. Die Art, wie er sich diese Entwickelung vorstellt, unterliegt so schweren Bedenken, daß sie heute als nahezu allgemein aufgegeben betrachtet werden kann. Auch Hering hat zwar mehrmals geäußert, daß er sich unter ortslosen Gesichtsempfindungen nichts vorzustellen und daher schon mit dem Ausgangsmateriale dieser Theorie nichts anzufangen wisse; aber an der hypothetischen Entwickelung der Lokalisation aus unräumlichem Empfindungsmateriale, wie sie sich Helmholtz dachte, hat Hering eine eingehende Kritik nicht geübt. Dazu schien ihm schon darum kein Anlaß gegeben, weil er sowohl die Augenmuskelempfindungen wie auch die Innervations- oder Impulsgefühle, die für jene Theorie unentbehrlich sind, als empirisch nicht nachweisbar abzulehnen sich genötigt sah und daher kein weiteres Interesse für Konstruktionen aus fiktiven Bestandstücken haben konnte.

Für den tiefen Gegensatz, der hier zwischen Hering und Helmholtz besteht, ist nicht — wie man das gewöhnlich so darstellt — die Verschiedenheit der Wege entscheidend, auf denen sich die beiden Forscher die Raumanschauung zustande gekommen denken, sondern die Verschiedenheit der Ziele, die auf diesen Wegen erreicht werden sollen. Durch die Mehrdeutigkeit von Ausdrücken wie „Raumanschauung", „Raumwahrnehmung", „räumliches Sehen" u. dgl. wird eine Gemeinsamkeit des Zieles vorgetäuscht, die in Wahrheit gar nicht besteht. Es handelt sich nicht darum, zwei Hypothesen gegeneinander abzuwägen, die einer und derselben Fragestellung genügen sollen; es sind vielmehr die Fragestellungen verschieden und damit natürlich auch die Wege, auf denen die Antwort gesucht wird.

Für Helmholtz ist die Raumwahrnehmung ein (wenn auch unbewußt vollzogener) Schluß auf die wirklichen Orte und Ortsverhältnisse der Außendinge. Auf der Grundlage der Impulsgefühle und der (unräumlichen) Lokalzeichen entwirft er eine Hypothese über die Art, in der sich dieser Schluß so vollzieht, daß er unter normalen Verhältnissen zur richtigen Erkenntnis der wirklichen Orte und Ortsverhältnisse der Außendinge führt, unter abnormen (z. B. im Falle der Doppelbilder) aber zu einem falschen Urteil; in letzterem Falle ist die Wahrnehmung falsch, es liegt eine Täuschung vor, weil wir die Lage der Außendinge anders beurteilen als der Wirklichkeit entspricht. Für Hering ist zu erklären, warum die Sehobjekte mit denjenigen Orten behaftet sind, an denen sie uns eben erscheinen; in dem Problem Herings kommt der wirkliche Ort der Außendinge überhaupt nicht vor, sondern nur der Angriffspunkt der terminalen Reize und die Ortsempfindungen. Gesetzt den Fall, es gebe gar keine Außenobjekte und wir könnten auf irgendeinem Wege die einzelnen Netzhautstellen unmittelbar (etwa mechanisch) reizen, so würde das die Fragestellung Herings, und natürlich auch ihre Beantwortung, in keiner Weise berühren; für Helmholtz würde damit die Fragestellung wegfallen. Für Hering muß die Lokalisation entoptischer Objekte sich ebenso unmittelbar und nach denselben Gesetzen ergeben wie wenn lichtaussendende Außendinge die (entferntere) Ursache der terminalen Reize wären; die Lokalisation entoptischer Objekte bietet für ihn kein neues Problem, es liegt auch kein anormaler Fall vor. Für Helmholtz vollzieht sie sich auf dem Umweg über die gewohnte und eingeübte Lokalisation wirklicher Außenobjekte: wir lokalisieren Entoptisches, insofern wir ein, für normale Verhältnisse richtiges Schlußverfahren auf nur teilweise analoge Verhältnisse übertragen und hier natürlich falsch schließen — denn ein Außenobjekt ist ja in Wirklichkeit gar nicht da. Auch die Doppelbilder erklärt Helmholtz durch eine Übertragung eines sonst richtigen Schlusses auf Verhältnisse, für die er nicht mehr paßt; er ist falsch, weil ja in Wirklichkeit nur ein Objekt vorhanden ist. In ähnlicher Weise ist das einfache und körperliche Sehen mittels des Stereoskopes für Helmholtz eine Täuschung, darauf beruhend, daß wir aus Netzhautbildern, wie sie gewöhnlich nur durch ein körperliches Außenobjekt erzeugt werden, auch dann auf ein solches schließen, wenn sie von zwei ebenen, also flächenhaften Projektionen eines körperlichen Objektes hervorgerufen werden. Hering fragt, warum man körperlich empfindet, nicht warum man auf ein körperliches Außending schließt; das plastische Sehen mittels des Stereoskopes kann für ihn nicht auf das plastische Sehen der wirklichen Körper zurückgeführt werden, vielmehr sind beides koordinierte Fälle, die eine gemeinsame Erklärung verlangen. Derselbe Gegensatz in der Fragestellung liegt auch bei dem Problem des stereoskopischen Glanzes vor, wie er gegeben ist, wenn korrespondierende Flächenstücke auf dem einen der beiden stereoskopischen Bilder weiß, auf dem andern schwarz gefärbt sind. Der Nachweis, daß hier wesentlich dieselben Bedingungen gegeben sind wie dort, wo wir einen wirklich glänzenden Gegenstand mit beiden Augen betrachten, kann nur demjenigen als „Erklärung" dienen, der wissen will, warum wir auf ein glänzendes Außenobjekt schließen, aber nicht für denjenigen, der fragt, warum wir — im einen und anderen Falle — Glanz sehen.

Hering hat keineswegs verkannt, daß wir an der wirklichen Beschaffenheit der Außendinge das größte Interesse haben; aber er hält das („erschlossene" oder besser „assoziierte") Urteil für einen Vorgang, der zur Ortsempfindung hinzutritt, sie also voraussetzt, nicht für etwas, das ihre Stelle einnimmt. Wir sehen nach der Tiefe verlaufende Parallele immer als konvergierende Gerade; aber wir können durch vielfache Übung die Kenntnis erworben haben, welcher Grad der gesehenen Konvergenz vorhanden sein muß, wenn die wirklichen Geraden parallel sind. Solche Urteile können sich mit großer Sicherheit und Schnelligkeit einstellen; aber sie bleiben sekundäre Gebilde, die eine primäre Raumempfindung zur Voraussetzung haben und deren Inhalt sich auch deskriptiv von der vorhandenen primären Empfindung so unzweifelhaft unterscheidet, wie eine gesehene Farbe von einer bloß gedachten. Hering hat diesen Unterschied, wo es nötig war, auch terminologisch fixiert; so, wenn er die Größe der empfundenen Ausdehnung als „Sehgröße", die Größe, die wir auf Grund der letzteren und sonstiger Erfahrungen dem wirklichen Objekt zuschreiben, als „geschätzte Größe" bezeichnet. Eine „Sehgröße" in diesem Sinne gibt es für Helmholtz gar nicht.

Man kann also den Gegensatz, der hier zwischen Hering und Helmholtz schon in der Fragestellung liegt, kurz so ausdrücken: nach Hering kann sich an die primäre, schon durch die Empfindung gegebene Raumwahrnehmung ein Urteil über die wirklichen Raumverhältnisse anschließen — nach Helmholtz ist die Raumwahrnehmung dieses Urteil und es geht ihm keine Raumempfindung voraus: dasjenige Gebilde, dessen genetische Erklärung sich Hering zum Ziel setzt, ist also für Helmholtz gar nicht vorhanden.

Vielerlei Gründe haben Helmholtz zur Leugnung primärer Ortsempfindungen veranlaßt. Sie ordnen sich aber alle unter den folgenden Leitgedanken: Unsere räumlichen Wahrnehmungsbilder zeigen im Vergleich mit den Netzhautbildern zu große Inkongruenzen, als dies mit einer kausalen Zuordnung beider verträglich wäre. Einige von diesen Inkongruenzen — wie z. B. das Aufrechtsehen des umgekehrten Netzhautbildes oder auch das Einfachsehen trotz doppelter retinaler Abbildung — lassen sich zur Not durch Hilfshypothesen erklären; bei anderen versagen aber auch diese. Letzteres gilt vor allem von jener größten Inkongruenz, ohne die die empiristische Hypothese vermutlich überhaupt nicht entstanden wäre, nämlich von der Körperlichkeit des Wahrnehmungsbildes gegenüber der Flächenhaftigkeit der Netzhautbilder. Daß die nativistischen Erklärungen hier gänzlich versagen, ersehe man hauptsächlich daraus, daß sie mit dem von ihnen angenommenen Reizempfindungsmechanismus nicht das Auslangen finden, sondern fortwährend Korrekturen durch die Erfahrung zulassen müssen, wie die von allen zugestandenen „empirischen Lokalisationsmotive" (Perspektive, Schattenverteilung usf.) beweisen. Solche Aushilfen machen, wie er meint, die Theorie nicht allein immer unwahrscheinlicher; sie sind vielmehr sogar gänzlich unzulässig, weil es auf Grund reichlicher Tatsachen feststeht, daß, was einmal der Empfindung angehört, durch Erfahrung nicht überwunden werden kann. Die Inkongruenzen zwischen dem, was die Wahrnehmung zeigt, und den Netzhautbildern, bleiben also der Mehrzahl nach unerklärt. Diesen allzu großen Inkongruenzen stehen aber die allzu großen Kongruenzen gegenüber, die zwischen dem Wahrnehmungsbild und den Raumverhältnissen der wirklichen Objekte bestehen: die dreidimensionale Verteilung der wirklichen Dinge wird durch die Wahrnehmung viel zu gut abgebildet. Also ist diese letztere Tatsache diejenige, welche eine Theorie des räumlichen Sehens zu erklären hat. — Das ist das Gerüste der Helmholtzschen Überlegung; der besondere Aufbau seiner empiristischen Theorie mit seinem Materiale an Impulsgefühlen und Lokalzeichen — woran allein gewöhnlich Kritik geübt wird — ist demgegenüber von geringerer Bedeutung.

Wie sich Hering zu diesen Grundgedanken gestellt hat, geht aus den früheren Erörterungen klar hervor. Führt man den Begriff des Auslösungsvorganges in der oben bezeichneten Art folgerichtig durch, so können „Kongruenzen“ zwischen den Wahrnehmungen und den Netzhautbildern von vornherein gar nicht verlangt werden, weder in dem engeren Sinne von konformen Abbildungen noch in dem weiteren von eindeutigen Zuordnungen. Wo sie im einen oder andern Sinne bestehen, sind sie sogar eigens zu erklären; denn bei einem Auslösungsvorgang sind nicht sie, sondern die „Inkongruenzen“ der allgemeinere Fall. Was aber die zwischen Wahrnehmung und Außenwelt behaupteten Kongruenzen betrifft, so bestehen auch sie nur in höchst unvollkommener Weise. Es entspricht den Tatsachen viel besser, wenn man mit Hering die Raumanschauung als ein „Relief“ bezeichnet, „das zwischen Planbild und voller Körperlichkeit die Mitte hält“, „auf halbem Wege zwischen dem flachen Netzhautbilde und der körperlichen Wirklichkeit stehenbleibt“. Der Vorwurf schließlich, daß auch der Nativismus Korrekturen durch die Erfahrung in Anspruch zu nehmen genötigt sei, ist schon früher (S. 82 ff.) als unberechtigt zurückgewiesen worden, indem die doppelte Bedeutung, die dem Worte „Erfahrung“ im Sinne der beiden gegnerischen Theorien zukommt, aufgezeigt wurde. Es hat sich dabei herausgestellt, daß das Prinzip der Unüberwindbarkeit der Empfindung durch Erfahrung nur hinsichtlich der einen dieser beiden Bedeutungen zu Recht besteht, nicht aber für die Erfahrungsmotive, wie sie Hering versteht.

Der Unterschied in der Problemstellung begründet also das, was eingangs als Verschiedenheit der „Denkrichtung“ bezeichnet wurde; und es ist berechtigt, von einer physikalischen Denkrichtung bei demjenigen zu sprechen, der unser Urteil über die Außenobjekte, von einer physiologischen bei demjenigen, der den Tatbestand unserer Empfindungen als das Ziel betrachtet, dem sich seine Theorien anzupassen haben.

Zum Schlusse mag ein Wort über die erkenntnistheoretischen Konsequenzen aus den beiden einander gegenüberstehenden Lehren am Platze sein: namentlich Helmholtz hat ja hierauf besonderes Gewicht gelegt. In seiner berühmten Rede „Die Tatsachen in der Wahrnehmung", die als die vollendetste Darstellung der empiristischen Theorie gelten kann, stellt er diese Lehre ausdrücklich in den Dienst der allgemeineren Frage: „Was ist Wahrheit in unserem Anschauen und Denken? In welchem Sinne entsprechen unsere Vorstellungen der Wirklichkeit?" Man kann die letztere Frage zweifellos auch von ihrer Kehrseite aus in Angriff nehmen: in welchem Sinne entsprechen unsere Vorstellungen nicht der Wirklichkeit? In welchem Sinne kann man innerhalb der Wahrnehmungen von Täuschung sprechen? Zeigt sich, daß man mit diesem Ausdruck mehrerlei meinen und diese Frage daher verschieden verstehen kann, so wird dasselbe auch für die positive Formulierung gelten, in der sie bei Helmholtz auftritt. Da es sich ferner nur um die Beziehung zwischen dem Inhalt unserer Wahrnehmungen und den Vorgängen in der Außenwelt handeln kann, kommt jenes Zwischenglied, das man als terminalen Reiz bezeichnet, in dieser Frage unmittelbar gar nicht vor, sondern kann nur in der Begründung, warum die Wahrnehmung richtig oder irrig ist, eine Rolle spielen.

Wollte man von Wahrheit nur dann reden, wenn der Wahrnehmungsinhalt dem äußeren Vorgang gleicht, von Irrtum oder Täuschung, wenn er es nicht tut, so würde sich eine Übereinstimmung zwischen Helmholtz und Hering nur in bezug auf die qualitative Seite der Wahrnehmung ergeben: daß die Farben den Lichtwellen nicht ähnlich sind, wird beiderseits zugegeben. In betreff des Ortes muß die Antwort verschieden ausfallen. Da für Helmholtz die Raumwahrnehmung ein Prozeß der Deutung oder Interpretation ist und sein Ergebnis ein Urteil über den wirklichen Ort eines Außendinges, so muß, solange dieser Prozeß nicht fehlerhaft verläuft (was ja ebenfalls vorkommt), der wahrgenommene Ort mit dem wirklichen sogar identisch sein und daher auch die wahrgenommenen Ortsrelationen mit den wirklichen. Falsche Deutungen kommen vor, wenn wir bei abnormen Verhältnissen (z. B. ungewöhnlichen Augenstellungen bei vorgeschalteten Prismen) dieselben Schlüsse machen wie wir sie bei normalen zu machen pflegen; wie die Wahrheit im normalen Fall auf der Identität, so besteht der Irrtum im abnormen auf der Verschiedenheit des wahrgenommenen und des wirklichen Ortes, oder, besser gesagt, auf der Identität des wahrgenommenen mit einem anderen wirklichen Ort. Man darf an dieser Darstellung nicht etwa darum Anstoß nehmen, weil Helmholtz den Raum wiederholt als apriorische Anschauungsform bezeichnet und es daher den Anschein hat, als wolle er mit Kant dem Außending keine Räumlichkeit zugestehen. Die Übereinstimmung mit Kant ist eine rein terminologische. Helmholtz nennt den Raum eine apriorische Anschauungsform nur „insofern seine Wahrnehmung an die Möglichkeit motorischer Willensimpulse geknüpft" ist, also nur im dispositionellen Sinne. Man würde in diesem Sinne auch die Farbe eine apriorische Anschauungsform nennen können, insofern ihre Wahrnehmung an den angeborenen Besitz des Sehvermögens geknüpft ist — was gewiß nicht die Meinung Kants war.

Wesentlich anders liegen die Dinge für Hering. Der wahrgenommene Ort ist eine Reaktion der Sehsubstanz und mit dem wirklichen nur so verknüpft wie ein Auslösungsvorgang mit der auslösenden Kraft verknüpft ist. Beide als identisch zu erklären ist sinnlos und daher kann von einer Identität von vornherein nicht gesprochen werden. Man kann nicht einen Punkt in diesem Sinne „richtig" lokalisieren. Eine derartige Behauptung wäre, wie früher bemerkt, ebenso sinnlos, wie wenn man von einem Menschen, der bei Luftschwingungen von der Frequenz = 435 den Ton a hört, sagen würde, er höre „richtig"; man kann hier nur einen gegebenen Zusammenhang konstatieren und könnte, im Falle er ein anderer wäre, den Ausdruck „Falschhören" nur im Sinne von „Andershören" gebrauchen. Auch von den Relationen, die zwischen den wahrgenommenen Orten bestehen, kann man nicht sagen, daß sie richtig oder unrichtig seien; es hat daher auch keinen Sinn, von zwei Punkten zu sagen, sie würden in ihrem richtigen oder wahren Abstand, von einer Strecke, sie würde in ihrer wahren Länge, daher auch nicht, sie würde zu klein oder zu groß wahrgenommen. Erst wenn das Verhältnis zweier Relationen im Gebiete des Wirklichen mit dem Verhältnis zweier Relationen im Gebiete des Wahrgenommenen in Beziehung gesetzt wird, kann von einer Übereinstimmung oder Nichtübereinstimmung die Rede sein. Wenn einem Körper, der sich nach der Tiefe viermal so weit erstreckt wie nach der Breite und dreimal so weit wie nach der Höhe, ein Wahrnehmungsbild entspricht, in welchem sich diese drei Dimensionen ebenfalls wie 12 : 3 : 4 verhalten, so wird er richtig gesehen, andernfalls falsch. M. a. W. eine Übereinstimmung kann nur zwischen Relationen zweiter Ordnung stattfinden: bei unvergleichbaren Elementen können Übereinstimmungen nur in solchen Relationen stattfinden, die sich durch unbenannte Zahlen ausdrücken lassen. Beim Sehen von Winkeln liegt der Fall genau ebenso: nur weil man den vollen Winkel im Sehraum und im wirklichen Raum definieren kann, kann man auch von jedem anderen Winkel sagen, er werde richtig oder falsch gesehen. Übrigens gelten dieselben Überlegungen auch im Gebiete der Qualität: von zwei Farben zu sagen, sie erscheinen ähnlicher als sie (nämlich die physikalischen Lichtvorgänge) in Wirklichkeit sind, ist ein Satz ohne Sinn. Es hat aber einen Sinn, von den Farben eines Interferenzspektrums zu sagen, daß sie sich an gewissen Stellen rascher ändern als die Wellenlängen.

Das ist der ursprüngliche und eigentliche Sinn, in welchem man von Wahrnehmungen sagen kann, es komme ihnen Wahrheit oder Irrtum zu. Auf das Gebiet der Elemente und der Relationen erster Ordnung hat dieser primäre Begriff des „Wahren" keine Anwendung und darum auch nicht der des Irrtums und der Täuschung, der ja von ihm untrennbar ist. Der Sprachgebrauch geht hier durchaus richtige Wege; er würde nicht gestatten, von einer „Täuschung" zu reden, weil wir Rot sehen, während doch nur Licht von der Wellenlänge 700 $\mu\mu$ gegeben ist. Man kann einen Irrtum begehen, indem man die Begriffe Wahr und Falsch auf ein Gebiet anwendet, auf das sie nicht angewendet werden können; aber ob das Verhalten in dem berechtigten Anwendungsgebiet wahr oder falsch ist, ist natürlich eine Frage anderer Art — und nur im letzten Falle redet man von „Täuschung" in der Bedeutung von Sinnes- oder Wahrnehmungstäuschung.

Neben dieser, auf die Relationen zweiter Ordnung beschränkten Anwendung des Wahrheitsbegriffes gibt es eine zweite, andersartige. Sie beruht auf der Mehrdeutigkeit der Zuordnung zwischen äußerem Vorgang und Empfindung, kommt aber nur dort in Betracht, wo mehrere Außenvorgänge einer und derselben Empfindung zugeordnet sind und eine dieser Zuordnungen die überwiegend häufigere ist. Diese Fälle sind es, die Helmholtz besonders, ja fast ausschließlich im Auge hat. Eine Mehrdeutigkeit kann darin begründet sein, daß verschiedene Außenvorgänge zu demselben terminalen Reiz führen (so, wenn sich verschiedene Objekte auf denselben Netzhautstellen abbilden); aber auch darin, daß auf verschiedene terminale Reize die Sehsubstanz in derselben Weise reagiert (wie bei der gleichen Färbung physikalisch verschiedener Lichtgemische). Die Täuschung liegt hier darin, daß wir Reaktionen anderer Sinnesempfindungen erwarten, die tatsächlich nicht zutreffen (wir greifen z. B. bei abgelenkten Lichtstrahlen ins Leere, während wir einen festen Körper zu greifen erwarten). Die Täuschungen im ersten, früher erwähnten Sinne gehören nicht hierher; denn bei ihnen können sich, da keine Mehrdeutigkeit vorliegt, auch keine falschen Erwartungen entwickeln — die regelmäßig vorhandene scheinbare Steilheit eines Berges täuscht uns nicht über seine Besteigbarkeit. Aber auch in den Fällen variabler Zuordnung gibt es trotz der Mehrdeutigkeit keine Täuschungen, wenn keine falschen Erwartungen angeregt werden. Das ist z. B. der Fall, wenn eine anfänglich abnorme Zuordnung mit der Zeit normal wird — wir greifen nach längerem Gebrauch ablenkender Prismen wieder richtig, erwarten also von unseren Innervationen den taktilen Erfolg, der wirklich eintritt. Es ist aber auch der Fall, wenn die Mehrdeutigkeit für unsere Erwartungen gänzlich gleichgültig ist; wir knüpfen an zwei gleichfarbige Körper nicht verschiedene Erwartungen je nach der physikalischen Beschaffenheit des ausgesendeten Lichtes — es würde also gar keine Folgen haben, wenn wir letztere fälschlich für gleich hielten.

Für diese zweite Gruppe von Fällen, die der Mehrdeutigkeit nämlich, gilt in der Tat, was Helmholtz sagt: „Wir nennen unsere Vorstellungen von der Außenwelt wahr, wenn sie uns genügende Anweisung über die Folgen unserer Handlungen der Außenwelt gegenüber geben und uns richtige Schlüsse über die zu erwartenden Veränderungen derselben ziehen lassen.“ Eine Äußerung, die keine „pragmatistische“ Umdeutung des Wahrheitsbegriffes ist, sondern nur besagen will, daß wir die Wahrheit (und natürlich auch die Täuschung) nicht in die Wahrnehmung selbst, sondern in assoziativ damit verknüpfte Erwartungsurteile zu verlegen haben. Gerade darin liegt aber eingeschlossen, daß die Raumwahrnehmung kein Hinausprojizieren in den wirklichen Raum ist und daß wir von einer „richtigen" Lokalisation im Sinne einer Übereinstimmung des wahrgenommenen mit dem wirklichen Ort nicht sprechen können.

Zusammenfassend läßt sich also sagen: unsere Empfindungen sind, wie Helmholtz richtig behauptet, nicht Abbilder, sondern nur Zeichen der Außenvorgänge; eine Abbildung kann nur im Gebiete der Relationen zweiter Ordnung bestehen, findet aber tatsächlich auch hier nur in beschränktem Maße statt. Soweit die Zuordnung zwischen Empfindungen und Außenvorgängen eindeutig ist, also ein Zeichensystem im strengen Sinne besteht, können Empfindungskomplexe verschiedener Sinnesgebiete durch die Zuordnung zu einem und demselben Außenvorgang so mit einander verknüpft sein, daß das Auftreten des einen das des andern erwarten läßt und im allgemeinen eine zutreffende Erwartung erzeugt. Ist die Zuordnung mehrdeutig, so entsteht eine Erwartung nur, insofern die eine Art der Zuordnung die häufigere ist; sie ist dann nur zutreffend für die Fälle dieser normalen Zuordnung, für die anderen nicht. Diese Erwartung ist ein auf Assoziation beruhender Reproduktionsvorgang und gehört als solcher der Wahrnehmung überhaupt nicht an; indem sie also in diesem Sinne ein Schluß auf die „Wirklichkeit" ist, ist sie jedenfalls ein Gebilde, das den Bestand einer Wahrnehmung bereits voraussetzt.

Man sieht ohne weiteres, in welch engem Zusammenhang diese erkenntnistheoretischen Erwägungen mit dem Gesetz der spezifischen Sinnesenergien stehen. Über den Empfindungseffekt entscheidet der terminale Auslösungsreiz und das Eigenleben der Sinnessubstanz; von dem letzteren hängt es ab, welche Relationen abgebildet werden und welche nicht, und in welchem Bereiche die Zuordnungen eindeutig sind, in welchem mehrdeutig. Daß sich in diesen zwei Momenten das erschöpft, was man gewöhnlich Wahrheit oder Irrtum im Gebiete der äußeren Erfahrung nennt, ist die erkenntnistheoretisch so wichtige Konsequenz aus jenem Gesetz. Eine durchgängige Abbildung der äußeren Gesetzmäßigkeit durch eine Gesetzmäßigkeit im Ablauf unserer Wahrnehmungen wird, wie sich zeigt, nicht erreicht; sie scheint vielmehr sowohl in ihren Grenzen wie im Grade ihrer Genauigkeit durch die Rücksicht auf das biologisch Wichtige, also Zweckmäßige, bestimmt zu sein, so daß manchmal beträchtliche Abweichungen in biologisch unwichtigen Gebieten nur dazu dienen, die Zuordnung in wichtigeren ganz oder annähernd eindeutig zu machen — man denke an die relative Farbenbeständigkeit bei wechselnder Beleuchtung.

Die Bildung von wahren oder falschen Urteilen über die Dinge der Außenwelt stellt sich sonach als Funktion einer bestimmten Art von lebendiger Substanz, der Sinnessubstanz, dar — ebenso wie die Deformation Funktion einer anderen Art von lebendiger Substanz, nämlich der kontraktilen ist. Die Wirksamkeit angesammelter Erfahrungen hat man sich dann als eine solche Änderung in der Disposition der Sinnessubstanz zu denken, die die Mehrdeutigkeit in der Zuordnung zwischen äußeren Vorgängen und Wahrnehmungen immer mehr und mehr zugunsten der Eindeutigkeit verringert und so die Bildung zutreffender Erwartungsurteile begünstigt. Somit stellt sich die Verbesserung unserer Erfahrungsurteile unter den allgemeineren Gesichtspunkt der Anpassungsvorgänge. Sind jene Dispositionen auch phylogenetisch wirksam, so wird man zwar nicht die Erfahrung selbst, wohl aber die wachsende Fähigkeit, Erfahrungen zu machen, als vererbbar und damit dem Fortschritt zugänglich zu denken berechtigt sein.

Zu so allgemeinen und bedeutungsvollen Folgerungen konnten Forschungen führen, die unmittelbar nur von den Interessen an einem viel engeren Tatsachengebiete beherrscht waren. Hering hat keine spekulativen Betrachtungen über das Verhältnis von Leib und Seele oder über die Grenzen unserer Erkenntnis angestellt; an solche allgemeine Probleme mit dem Rüstzeug der Deduktion heranzutreten, war ihm durchaus fern gelegen. Er hat die Bedingungen erforscht, unter denen wir Licht und Farbe, Richtung und Entfernung, Wärme und Kälte empfinden. Aber es war seiner Natur eigen, nicht an der Oberfläche dieser Probleme haftenzubleiben; und indem er auch der speziellsten Frage bis in ihre tiefsten Gründe nachging, war er an die Wurzeln gelangt, aus denen viel umfassendere Gebiete unserer Erkenntnis ihre Nahrung ziehen. Hering hat in hohem Maße die Fähigkeit besessen, sich je nach Bedarf bald gänzlich in eine Spezialfrage zu versenken, bald aber, den Blick ins Weite gerichtet, auch die Zusammenhänge zu sehen, die zwischen Fernliegendem bestehen. Nicht bloß der kritische Scharfsinn, auch die Phantasie des großen Forschers war ihm eigen. Die Selbstzucht aber, die strenge Kritik, mit der der Forschende sich selbst wie einer fremden Person gegenübertritt, die unbedingte Ehrlichkeit, die ihn treibt, Schwierigkeiten eher aufzusuchen als über sie hinwegzugleiten — kurz die Ethik des Forschers hat Ewald Hering in sich zu einer Vollkommenheit entwickelt, wie sie nur demjenigen erreichbar ist, dessen ganze Lebensbahn nach dem Ziel ethischen Hochstandes gerichtet ist. Ungewöhnlicher Scharfsinn in Analyse und Deduktion, reiche Phantasie in der Zusammenfassung des Wesensverwandten, strengste Pflichttreue im Dienste der Wahrheit — in dieser Harmonie der geistigen und sittlichen Kräfte bleibt Ewald Herings Bild dem Gedächtnis aller erhalten, die ein freundliches Geschick in seine Nähe geführt hat.

Druck der Spamerschen Buchdruckerei in Leipzig.

GPSR Compliance

The European Union's (EU) General Product Safety Regulation (GPSR) is a set of rules that requires consumer products to be safe and our obligations to ensure this.

If you have any concerns about our products, you can contact us on ProductSafety@springernature.com

In case Publisher is established outside the EU, the EU authorized representative is:

Springer Nature Customer Service Center GmbH
Europaplatz 3
69115 Heidelberg, Germany

Batch number: 10844623

Printed by Printforce, the Netherlands